基于地域文化的民宿改造设计研究

魏薇 著

吉林大学出版社

·长春·

图书在版编目（CIP）数据

基于地域文化的民宿改造设计研究 / 魏薇著 . —— 长
春：吉林大学出版社，2022.10
ISBN 978-7-5768-1300-5

Ⅰ.①基… Ⅱ.①魏… Ⅲ.①地方文化－作用－旅馆
－建筑设计－研究－中国 Ⅳ.①TU247.4

中国版本图书馆 CIP 数据核字（2022）第 242184 号

书　　名　基于地域文化的民宿改造设计研究
　　　　　JIYU DIYU WENHUA DE MINSU GAIZAO SHEJI YANJIU

作　　者：魏薇
策划编辑：矫正
责任编辑：矫正
责任校对：王寒冰
装帧设计：久利图文
出版发行：吉林大学出版社
社　　址：长春市人民大街 4059 号
邮政编码：130021
发行电话：0431-89580028/29/21
网　　址：http://www.jlup.com.cn
电子邮箱：jldxcbs@sina.com
印　　刷：天津和萱印刷有限公司
开　　本：787mm×1092mm　　1/16
印　　张：10.25
字　　数：180 千字
版　　次：2023 年 5 月　第 1 版
印　　次：2023 年 5 月　第 1 次
书　　号：ISBN 978-7-5768-1300-5
定　　价：68.00 元

内 容 简 介

乡村自始至终就是民宿生长的最佳土壤，其鲜活的乡土文化、淳朴的民风及丰富的自然资源，吸引着饱受城镇与工业烦扰的人们。乡村旅游的快速发展为乡村的相关产业带来较高的收益，促使民宿产业的出现。民宿的本质是人们希望通过对物质空间和氛围的营造，来表达其对传统乡土文化的眷恋和思考。

老房子本身具有的人文情怀与历史痕迹，远比一座新建建筑来得更富有生命力，因此对民居的改造并非要推翻重建，而是应将其历史和情感一并保留下来。通过传统民居建筑样式的保留和改造，如采用加扩建、建筑修复与结构优化，以及改善、优化建筑性能等改造方式，达到对传统建筑的保护，使这一建筑特色传承下去。民宿改造通过体现地域、传统文化，将村落风貌进行主题型营造，或历史性、文化性、产业性，或民族性、民俗性，再将本土的各类特色特产进行包装升级，是乡村活化的一种重要方式，能够对乡村复兴起到积极的作用。

静西谷民宿位于怀来县瑞云观乡坊口村，是一家集餐饮、住宿、休闲、旅游于一体的文化项目，地处长城脚下，傍山而建。静西谷民宿改造设计最大限度地保留且加强了原有房屋的结构实体部分，巧妙地利用传统地域性特色，并进行紧凑而适度的加建，从而植入精品酒店的功能，以满足现代消费人群的休闲度假需求。静西谷民宿的改造设计遵循"尊重自然、人文环境；保护与创新相结合；因地制宜、彰显特色"的改造理念，不因循守旧，保护与创新相结合。静西谷的设计，真正实现了自然设计观、绿色设计观、在地化设计观，以及弱化设计感的设计观。可以说，正是静西谷先进、现代的设计理念，才赋予了静西谷真正的灵魂。

民宿最明显的特征就是其所具有的地域文化气息。在改造活动中，将地域文化元素融入民宿的设计中，可以赋予民宿全新的色彩与生命力。如何将一种生活、一种状态、一种行为引入民宿空间，通过对传统民居的空间重塑和文化内聚，使其重新获得较强的生命力和吸引力。这已经不是一种策略，而是一种文化思考。这就是民宿改造的意义。

目　录

第一章　民宿概论

第一节　民宿的概念与类型

一、民宿的概念

探究民宿一词，源自日本的"民宿"。这是一个日本词汇，后来被台湾地区引用，大陆转用，因通俗而流行，因发展而通行。

何为民宿？《台湾民宿管理办法》将其定义为"利用自用住宅空闲房间，结合当地人文、自然景观、生态、环境资源及农林渔牧生产活动，以家庭副业方式经营，提供旅客乡野生活之住宿处所"。可见，唯有与当地人文或自然景观等因素相融，才能称之为"民宿"。由此可见，民宿是以个人、家庭或组织为单位，将少量闲置或多余的房间，以招待住宿客的标准进行改造及装修，以盈利为目的提供短租房间或床位，提供配套餐饮及休闲服务。

民宿涵盖甚广，行业内部也没有定论，有人称呼为精品民宿，有人称呼为非标准住宿产品，也有人说是小型精品酒店。总结民宿的特征，主要有以下几点。

（1）小规模的住宿设施。具有浓厚的人情味、家庭温馨或者个性化的住宿设施。

（2）家庭般的住宿氛围。作为副业经营，注重游客与经营者交流互动，让游客能够充分体验居家氛围。

（3）经营规模较小，房间数较少。除餐饮外，提供更多样特色服务，民宿主人与客人有一定交流。

（4）结合当地特色并有机会体验。结合当地人文、自然景观、生态、环境资源及农林渔牧生产活动等特色，让游客体验当地的历史文化和风土人情，并与当地社区居民形成接触互动，实现深度旅游体验。

由此可见，民宿不同于传统的酒店旅馆，特点是单体量小，相对分散，民宿产品的特色可以总结为：选址小众化，运营非标准，产品体量小，强调主题的特色性。民宿打破了酒店的标准化服务和装修模式，创造了个性化的体验空间。

伴随着消费群体的成长，中国人的住宿理念也在改变，乡村旅游始于农家乐，进而升级为民宿，精品民宿或民宿酒店。如果说农家乐是乡村旅游的初级版，是一种初期的、浅层的、单一的乡村旅游，那么民宿游就是乡村旅游的升级版，是一种深度的、休闲的、多元的乡村旅游。两者最大的区别是，民宿是有思想、有文化、有情调的，而农家乐相对低端，只是简单满足客人的食宿需求。简而言之，农家乐是一个旅游的接待设施；而民宿则是一个有着浓郁乡土文化的旅游产品。从这个角度看，民宿应该是一种体验式旅游的载体，而不仅仅是"住宿"的旅馆。

"乡土"是民宿永远的出发点和归宿，民宿既有民宿主人的热情与服务，又可以体验当地风情，并有别于以往生活的地方，因此民宿是集食、宿、游、娱于一体的旅游体验型产品。民宿存在的意义，就是"在他乡寻找故乡"，让游客体验不同的生活方式，体验喧嚣都市以外的静谧，享受当地的人文与自然景观。住民宿能体验到不同房子带来的惊喜，品尝到当地正宗的美味，体验到当地文化和人文氛围。

二、民宿的类型

在 Airbnb 等公司将理念带进中国后，年轻人对民宿的接受程度越来越高。现在的年轻人喜欢休闲旅行，不是以往那种日程紧张的旅游，千篇一律的酒店不仅不能满足他们的需求，甚至破坏他们旅行的氛围。而精品民宿可以做饭，可以洗衣，可以会客，一家人旅游，或者两三个朋友同住，条件好的民宿体验超过五星级酒店，当然受到欢迎。游客选择民宿的动机，主要是为了寻求特色体验、追寻人文环境，所以，浓厚的本土文化氛围，房子的装修风格带来各式各样的新奇体验，还有民宿主人提供的附加服务。当前，在越来越多的群体追寻"简约、自然、个性、隐逸"的特殊要求下，民宿的优势当然不单单是性价比，民宿既要有卖点又要有创意，要做到主题突出、个性鲜明，民宿现代感更强，更加具有设计感，某些高端民宿已经模糊了与酒店的界线，既拥有民宿的舒适与随意，又不乏酒店的细节与品质。民宿的卖点不是规模，而是资源的独特性，设计融入很多文化艺术的元素，而民宿吸引游客的要素主要是文化主题化、服务温情化、主客互动化、参与体验化及传递的人文情怀。

民宿根据所在地理区位、商业定位、依托资源、业主类型、产权关系等方面的不同，可以分为不同的类型。

表1-1　民宿的类型

分类标准		民宿类别	举例
民宿	按照民宿区位或行政地域分类	城市民宿	上海、广州、厦门等地的民宿
		古镇民宿	同里古镇、西塘古镇等古镇中的民宿
		民宿	莫干山辖区内、松阳县下属的村落等地的民宿
	按照民宿的依托资源分类	古镇/历史文化名镇	同里古镇、西塘古镇、周庄古镇等
		古村落/历史文化名村/传统村落	松阳县下属的村落等地
		自然风景区附近的村落	莫干山自然风景区内的各种民宿
	按照民宿的服务类型分类	住宿型	一般依托周边景区资源发展，其功能、空间配置较为单一。一般较为低端的是由农家乐或家庭旅馆升级而来的民宿，具有一般的风景资源
		体验型	通过一些资源的整合发展形成自身核心竞争力，拓展多种服务、体验活动等
	按照民宿的产权关系分类	自有型民宿	利用业主拥有的房屋家住及相关构筑物，将民宿作为副业的经营方式。自有型民宿大多聚集在乡村地区及部分古镇，一些居民和业主自行筹资或合作进行民宿改造和建设
		社会型民宿	外地或非本地居民通过租赁房屋、流转土地等方式，将民宿作为其主业的经营方式。社会型民宿大多集中在旅游资源较为丰富的风景区和村落、古镇等区域，形成经营规模较大、较为注重专业化服务的民宿场所

续表

	分类标准	民宿类别	举例
民宿	按照民宿的经营类型分类	个体型	个体型为大多民宿所采用的方式，即以个人、家庭或小团队为单位作为营业主体
		连锁型	连锁型即在不同地区开设多家民宿空间，采取一定策略和布局进行连锁化经营的品牌化管理民宿，如裸心系列、松赞系列、花间堂、山里寒舍系列。一般属于中高端的民宿
	按照民宿空间的营造类型分类	改造型民宿	改造型民宿为大多数民宿的营造类型，如松阳的建筑改造系列、花间堂系列、山里寒舍系列等
		新建型民宿	新建型民宿较为有代表性的是裸心系列、松赞系列，也有一些按照现代建筑形式设计的新型独立民宿

以上不同分类方式，基本可以涵盖市场上的民宿类型。归纳起来，国内民宿总体上可分为人文旅游体验、自然风光旅游体验、原生态生活体验三种，由此，也可以把民宿依托的资源类型归纳为三种：古镇/历史文化名镇、自然风景区、传统村落/历史文化名村。

表1-2　民宿依托的资源类型

分类	人文旅游、体验	自然风光旅游、体验	原生态生活、体验
资源类型	古镇/历史文化名镇	自然风景区	传统村落/历史文化名村
资源内容	历史、民俗、文化类体验（包括传统民居建筑）	自然观光、旅行、探险等体验	传统生活、民俗文化体验（包括传统民居建筑）
核心特点	民宿因古镇特色和环境而存在	依托景区辐射、资源环境辐射或客群辐射	民宿因古村特色和环境而存在
开发方式	门票主导模式	开放商业模式自然风景区等品牌作为主体吸引，发展周边地区	乡村旅游，环境依托
典型案例	乌镇、同里古镇、周庄	古镇、束河古镇、莫干山	四川九寨沟、安徽黄山、台湾宜兰、安徽宏村、安徽西递、浙江松阳县平田村、浙江省桐庐县深澳村

三、民宿和酒店比较

民宿是一种家庭式旅店性质的、提供住宿服务的场所，具有价廉、简洁、温馨，且离景区近等优势，是穷游住宿的极佳选择，同等于各种客栈、青旅类住宿服务场所；酒店是基于住宿、饮食基础上能够包含娱乐、健身、休闲等一体的公共服务场所，较民宿有更高的安全性、私密性，服务全面及具有更加完备的服务设施。

民宿属于非标准化住宿，和酒店有着本质的区别。民宿和酒店的主要区别体现在以下几个方面。

（1）酒店讲求效率，民宿讲求情怀；酒店管理讲求的效率化，缺少民宿温馨的氛围融合，而民宿主人在客人入住期间和客人交流、分享，往往能与客人成为朋友。

（2）酒店一般比较大，民宿一般小，一般控制在 5~15 间客房。同时，酒店的公共空间小，而民宿的公共空间比较大，公共空间内提供大量的交流场地，有的会设置小的图书馆、咖啡吧。

（3）酒店追求回本周期短，民宿追求长期经营。酒店的经营方一般是公司，一个酒店动辄千万甚至过亿，因此必须进行高效化的管理；而民宿主人一般是个体经营，自有资金，可以细心打磨产品。

（4）民宿和酒店的软硬件设施和给予用户的体验是截然不同的。酒店的服务范围、设施基本是统一的，而民宿则存在很多不确定性，用户并不确切知道有什么附加服务，只有体验了才知道。

从以上比较中可以看出，民宿和酒店的根本区别在于以下几个方面。

（1）酒店重视标准化和高效率，追求舒适性和豪华感；而民宿重视在地性和特色化，具备家庭的尺度和氛围。

（2）酒店提供的是千篇一律的、标准化的客房环境与服务；而民宿除了舒适的住宿环境，还必须具备优良的交流环境，提供面对面的最直接、最感性的交流方式，使游客有种宾至如归的感受。

（3）酒店的客房服务、餐饮服务等，都是统一标准的，操作相对简单，工业化的思维让酒店把住宿的标准化做到了极致，成本可控，配套完善，流程规范；而民宿的规模都是"小而精"，多至几十间，少至几间，本身具有一定的特色。同样价格的民宿则要提供更加个性化的服务，有很多超出五星级酒店的地方。

由此可见，就整体实力来说，民宿无法和品牌酒店相比，民宿的经营竞争力偏弱，肯定很难和标准化的酒店竞争，但是，特色、人性化和情怀就是民宿的卖点。而且民宿只能做特色，作为非标准化的住宿产品，民宿并不是简单地给观光客提供住宿，而是为追求个性、自由、理想的游客提供颇具情怀的生活方式，和当地的人文景观、自然景观、生态特色等融合在一起，让民宿本身成为旅游文化的一部分。民宿和酒店最大的区别就是情怀，民宿最大的卖点就是原汁原味的乡野气息，客人可以在其中体验真正的乡居，真正感受到"乡居岁月"。

正因为民宿与传统酒店的差异，才带来民宿独特的竞争优势。现在进入物质极大丰富的时代，人们从追求有到追求个性化体验，因此非标准化的民宿成了人们追捧的热点。打造精品民宿，并不是简单的标准化，而是结合当地文化的特色做出差异性。因此，在民宿酒店化的经营过程中，应当在保持原有的民宿状态下，保留各自的特色，注重文化的原真性，富有乡土特色和地方特色。

第二节　民宿的发展

一、发展民宿的背景

民宿热是新一代消费品位的反映。改革开放以来，我国的物质生活水平有了很大的提高，人们的消费观念也在与时俱进，尤其80后、90后的年轻一代，具有独立审美、追求自由的基因，更注重生活方式的体验，通过民宿体验当地人的生活方式，融入当地人的生活，用一种独特的方式与世界交流，释放自己，而民宿的气质正好契合了新一代消费群体的精神需求。

一方面，对现今的消费主体而言，对于旅游消费中的内涵、品质和服务追求较高，同时民宿所处的自然和乡土环境，也成为城市居民最好的解压方式，所以说，民宿产品的特性契合了人们对旅游产品的个性化、人性化和乡土性的需求；另一方面，乡村旅游相关的各种产业、类型，部分可以与民宿产业融合和互补，民宿产品对传统文化、乡土文化的表达，也满足现今审美、文化的认知需求。这两方面的原因，都决定了民宿的发展，可以满足现代人的多样性、多元性需求。由此可见，从经济角度看，民宿可以推动农村经济结构的转型，增加农民收入；从文化角度看，民宿发展有利于发掘和保护当地人文历史、自然生态，用现代的文化创意手段来延续、传承当地文化和民俗，从而重塑乡村的魅力；从社会角度看，民宿是连接城市与农村的桥梁，可以促进农民素质的提高，农村生活方式的改变，提升乡村文化的竞争力。

我国的城乡结构是造成社会发展不平衡的重要原因，城乡差距导致城乡之间较大的社会与经济环境差异性。一方面，农村是传统文化的保留地，仍然保留着传统的社会文化传统，但各方面发展落后，"传统文化""乡土文化"极度不自信，且面临逐渐被人们"摈弃"的境地；另一方面，现代工业化和城市化进程的加快，使得社会生产力快速发展。大量乡村劳动力进入城镇，使得乡村地区的经济、社会发展进一步放缓，城乡之间的差距也变得越来越大。城乡环境与文化的差异性和快速城镇化所带来的变化，使得农村空心化现象越来越严重，城市变得越来越拥挤，城镇居民对乡村的传统文化、习俗等充满好奇，观乡村风景、体验乡村生活，成为众多市民追捧的假日活动方式。而乡村文化的衰落问题，又吸引一部分"文化人"和"拥有情怀的人"关注乡村，提倡"怀旧文化、乡愁文化和田园文化"，努力实现"文化再造、乡村复兴"。

中国的工业化发展已经是处于后期，经济基础和人们的消费选择已经发生较大变化，快节奏的生活使人更想寻求可以放松的场所，工业化的城市生活使人们更想体验民俗风情的淳朴，而民宿很好地满足了人们的需求。近年来，我国的民宿逐渐发展起来，根本原因是人们的需求发生了改变。相对于酒店而言，消费者更倾向选择民宿这种居住形式，强调原汁原味的乡土风情，充满人情化的设计与服务，是酒店所不具备的。民宿一般开设在旅游区或乡村地区，满足了游客的个性化、非标准化、家庭感、自然体验与高性价比等旅游中的住宿需要，补充了住宿市场的单一产品内容，丰富了住宿产品。另外，民宿的营造方式和经营方式迎合当下年轻群体的需求，刺激了民宿产业的蓬勃发展；民宿的营造和经营成本较低等因素，使得较多的民间资本向民宿产业集聚。

尤其是近几年，民宿发展非常快，集中分布在南方，在旅游景区周边依托于旅游景点，以景区为核心向周边辐射。一般来说，民宿以住宿功能为主，但随着乡村旅游的不断发展，其产业的丰富程度与服务的类型也随之增加，出现了更多的体验式、文化创意类产品。而且模式和日本等国不同，颇有中国特色，例如：很多民宿与农业生产活动基本无关，土地非私有；绝大多数民宿主人都是投资客，这些人进入农村，带去了新的思维和理念，这种行为的示范意义很大；民宿的经营主体也非常多元，既有转型房地产商，也有不愁吃穿的艺术家或者小资，或者是当地村民。

二、民宿的市场需求

民宿未来有很大的市场需求，这主要基于以下几个方面的判断。

（1）城市生活的拥挤，空气污染，都市大众具有强烈的回归自然、返璞归真的需求，是民宿热的刺激因素。可以说，越大城市"病"越厉害，太忙，太急，太挤，城市污染和生活感受让人想逃离，逃到哪里？就是到乡村体验民宿。

（2）民宿是利用自身住宅空闲房间，结合当地人文、自然景观、生态环境及日常生产活动，并行改造经营，从而提供旅客乡野生活之住宿处所。不同于传统的饭店、旅馆、酒店，民宿让人体验当代乡土、感受民宿主人提供的"家概念"的服务，体验有别于以往的生活，因此蔚为流行。

（3）民宿能够满足年轻人的个性化需求。民宿让年轻人体验农村的生活习惯，让游客越来越多地停下脚步，游走在山村里，体味乡间的慢生活。民宿除提供农村景观、体验农村生活之外，并有农业生产方面的体验活动，配套观光果园、观光菜园等。

（4）中小资本的大举进入，同时"三农"格局的改变，是民宿供给的主导因素。现在空心村很多，闲置房屋普遍化，因此民宿从需求侧和供给侧的角度来看，都具有长期持续发展的可能，因此可以说，民宿具有无限的潜力。

民宿的主要特征见表1-3。

表1-3 民宿的主要特征[①]

特征	具体内容
注重自然风光，精妙的选址	大多处于村落遗产地、传统村落、历史文化名村和风景名胜区等具有文化和旅游资源的区域
乡村文化价值的充分展现	民宿空间结合或表现村落的文化价值、社会文化、风土人情、旅游资源、自然风光等
文化特征的乡土化、本土化、地域化	通过民宿建筑空间的策划、营造的过程和结果来表达当地乡土文化特征、符号等
经营内容与服务的乡土化、本土化、地域化	本土生活体验、当地特色产品等
建筑学角度的非标准化	从改造前的建筑原型来说，可为民居、农业活动相关建筑，未如同现代旅馆基本始终贯穿统一的建筑类型
住宿产业角度的非标准化	未统一的民宿行业标准与要求，非标准化是其特色
以中国传统民居作为建筑基础与载体	通过对中国传统、近代建筑的功能置换和新增功能，并对其进行修复和部分改造
具有较强的人文情怀与互动、服务个性化	通过民宿空间、民宿经营方式以及提供服务内容，表现出其高度注重人的感受，并且与游客有较多交流互动
经营规模相对小，不以规模化著称，注重精品化	房间数、面积均比普通的旅馆、酒店较小，并且相对注重其内部房间之间的差异化设计与精品化
功能复合，多产业结合	不仅拥有民宿主体空间提供的住宿餐饮功能，且提供与当地互动、体验、观光等相关的活动
投资、经营、运营类型的多元化	较为多元的投资、经营、运营方式，并运用互联网、众筹等新型要素，具有较强的灵活性

发展民宿经济，可以引导和吸引大量农民直接或间接参与接待、旅游服务和农产品委售等行业中，其中"吃"和"购"与农副产品密切相关，并且有效促进农村富余劳动力的就业和向非农领域转移，这对于优化农民就业结构，调整优化农村产业结构，拉动农村一、二、三产业发展具有重要意义，

---

① 王轶楠. 基于村落传统民居保护利用的民宿改造设计策略研究 [D]. 重庆：重庆大学，2017：52.

有利于形成"一业带百业，一业举而百业兴"的联动效应。民宿的兴起，为那些没有传统旅游资源的地方发展旅游提供了可能；民宿的兴起，为小而散的工商资本投资旅游提供了可能；民宿的兴起，为广大城市居民寻找乡愁记忆、感受父辈生活提供了可能；民宿的兴起，为有志人士和返乡青年就地创业提供了可能；民宿的兴起，也为保护传统文化和古村落、古建筑等历史遗存提供了可能。

民宿，是让游人在绿水青山中享受宁静，在蓝天白云间行走呼吸，在乡村农家里休闲度假。民宿像一扇窗户，打开了乡村旅游和农村建设崭新的世界；民宿也像一面镜子，折射出经济转型和人文回归复杂的面相。民宿在不断迭代，不断发展，我们的民宿应该有属于自己的个性和特色，应该是区别于日本和欧洲的模式。

三、民宿存在问题及发展趋势

民宿作为一个舶来品，在欧美、日本经过一段时间发展，已经形成一套成熟的管理规范。中国大陆的民宿发展历史较短，各方面发展仍不完善，创新能力明显不足，普遍存在被动经营的现象。随着民宿经济过热，近年来，南方民宿集群开始显露疲态，江浙一带的民宿也出现新的问题，热度逐渐褪去，同质化、单一化等弊端初显。

第一，从乡村旅游当前的实际现状来看，数量庞大的"农家乐"队伍仍然占据主导地位，其"品位低端、产品单一、互动缺乏、消费力弱"等弊端已经暴露得十分明显。面对越来越多竞争者的加入，大多数民宿酒店都面临着一个竞争力的问题，而竞争力的核心在于如何打造一个高品质的民宿酒店。

第二，处于乡村的民宿在硬件设施方面，具有先天的劣势，如水电气暖等基础设施不配套，依然是制约民宿规模发展的因素。基础设施不但包括道路、水电、网络、停车场、厕所、消防设施、安全监管系统，还包括社会服务体系，以及政府的法律法规的完善。绝大部分发展民宿的区域，都存在基础设施不健全的问题。在公共设施不健全的情况下，个体民宿只能单打独斗，一切问题靠自己解决。

第三，民宿拼优质的服务，但优质的服务则需要优质的人才，这也是目前所有民宿业主最头疼的方面。乡村旅游都会在比较偏的地方，买生活必需品都要跑很远，如果没有车很麻烦。想招一些形象好点的小姑娘、小伙子很难，年轻人多数都喜欢大都市的生活，山里距离县城较远，缺少娱乐生活，他们在这根本待不住。即使工资比城市里面要高，待遇比县城酒店好，招人也不是很顺利。

第四，品牌意识缺乏。很多运营民宿的个体从业者，完全是凭一腔情怀进入这个领域的，个人感情占据主导，前期根本没有考虑品牌培育问题。这衍生出两个类型：一类是逐利型的，听说民宿很挣钱，而且自认为考察很充分，匆忙选址开建，或者喜欢上某个民宿，然后加以改进式模仿，造成同质化严重；一类就是情怀型的，反正自己喜欢，能挣钱最好，不挣钱全当自己多一个休闲的地方，或者朋友聚会的地方。全凭自我感觉，想到哪里，建设到哪里、运营到哪里，这种随机的、碎片化的建设和运营，注定缺乏品牌运营的系统化基因。

第五，短时间内迅猛发展，使各地的民宿趋于同质化，民宿产品在形式、内容等方面缺乏创新，一味地模拟和效仿导致产品同质化严重，无论是建筑风格、室内装潢设计，还是具体的服务都如出一辙，最终导致民宿产品的吸引力差，整体产业链短、附加值低。

第六，民宿一般都建于景区附近，这样就导致收益依附于景区的热门程度，对村落及传统民居造成破坏；在一些热门地区，对优秀民宿的跟风模仿造成了审美疲劳，并未普遍地将本土化、地域化作为其核心竞争力，逐渐背离了民宿的人情味、地方特色、故事性、乡村性。①

第七，作为一个新型住宿模式，发展相对缓慢，管理经验欠缺，规模较小，总体来说缺乏核心竞争力，经营瓶颈已经开始出现，如体量小、假日经济、缺乏专业运营团队等因素的制约。

随着大众审美的提高，互联网等新型媒体的广泛应用，国内的民宿经历了本土化演化。民宿想要获得更广阔的发展空间，就需要寻求差异化发展。随着旅游方式的不断扩展、旅游内容的不断丰富，以及人们旅游观念的更新，民宿正在从低端单一产品、同质化开发、个体经营、分散布点，向高级且有特色的休闲产品、差异化发展和集群布局转变。随着市场成熟、资金涌入、竞争加剧，民宿产业逐渐呈现出品质精致化、产品主题化、经营连锁化、管

---

① 王轶楠. 基于村落传统民居保护利用的民宿改造设计策略研究 [D]. 重庆：重庆大学，2017：6.

理规范化、业态多元化五大特点。

未来的民宿产品呈现两极化发展趋势，形成追求原始状态的传统民宿和追求高端服务的精品民宿两大类型。未来的民宿定位以野（原生型）、奢（奢华型）、专（主题型）、合（复合型）为特征。

野（原生型）：以原生环境、原真民俗风情为特色的纯原生民宿；

奢（奢华型）：以高端设施、精致服务、奢华享受为特色的奢华型民宿；

专（主题型）：以异域风格、特色文化为主题的民宿；

合（复合型）：融传统地域文化、现代技术、特色为一体的民宿。

第三节　地域文化

地域是指在一定的区域范围内的地方划分，地域具有区域性、人文性和系统性三个特征，地域之间是相互影响、相互联系的。地域文化是指在一定时间和空间范围内，物质文化和精神文化的总和。

地域文化是一个地区在环境客观因素与社会主观行为的共同作用下形成的，是生活中风俗、审美观念和社会经验的传承和发扬，因此，地域文化的形成代表了一个地区文化的发展特性。地域文化因历史悠久，表现形态多样纷呈，且富有人文内涵。在地域文化的形成中，人们受到当地地域历史文化的影响，包括本地的气候环境及资源条件对当地人的影响，或者地域风俗和思维方式上的习惯等。

地域文化的组成要素包括自然因素和人文因素，构成自然因素的组成要素分为气候、地理位置和地形地貌等，构成人文因素的要素分为移民、社会因素、宗教信仰、道德规范、民族分布等。地域文化是在长时间的积累和时代发展过程中形成的，是一个不断经过时间的检验和历史沉积的过程，地域文化的形成是通过各种变化的要素积淀的一种对文化的检验。

地域文化是当地地域符号的结合体随着时间增长而沉淀的结晶，把地域文化注入民宿室内设计中，对民宿文化氛围的营造具有提升作用。民宿是传承文化的重要载体，通过解构和重构对文化主题进行分析，提取关键文化要素，重组文化，然后再重构文化赋予新的文化内涵，有文化内涵的民宿才能持久发展。

1. 文化的解构

提取核心的文化要素。很多民宿是在原有的民居建筑上进行改造，或是融合当地建筑特色设计而成的，它们不是独立的个体而是相互依靠的关系，这就是将地域文化融入民宿设计的原因之一。采用当地历史文脉提炼出的元素，是体现地域文化的重要手段，提炼出的元素往往就是当地最有特色的历史文化，这样可以让旅客感同身受，体会到当地文化的魅力与精彩，也可以将地域文化传承下来。

2. 文化的重构

重组核心和潜在要素。将地域特色的文化元素进行重新提取、打散、梳理，并以创新为基础，将这些文化"碎片"进行重新分析与再创造，在此过程中，可根据需要适当加入外来文化元素，从而构建出融合多种地域文化特质的元素符号，这一过程可称之为"重构"。地域文化元素的重构，不仅为地域文化注入了新鲜血液，并且由于这些"新元素"所具备的特质，在某种程度上更加符合现代人的审美情趣。

总之，民宿，是一个能够让人停留下来休息、享受的场所，通过对地域文化元素的挖掘、提炼，选择适宜的元素符号运用于空间设计中，在设计风格和形式上体现出当地的特色，让游客在旅游中体会到地域文化特色带来的视觉和精神上的享受。

第二章　民宿的选址

第一节　民宿的选址概述

区位对于民宿的投资决策起着决定性的作用，区位分析包括民宿投资的宏观环境、中观环境和微观环境三个层级。民宿的宏观环境指的是民宿所在的城市或地区，中观环境指的是民宿所在的村落，微观环境指的是民宿的具体宗地情况，即民宿所在的社区情况。区位分析主要包括以下两个方面的内容。

一、外部因素

正确选择民宿的位置，是民宿长期可持续经营的关键和前提。民宿发展选址应考虑以下几个因素。

1. 潜在的客源市场

民宿与客源市场的远近决定了民宿的客群规模和发展潜能。民宿的客群主要以体验慢生活的人群为主，他们远离高压的城市生活，寻求慢节奏、有品质的居住环境，关注特色的设计风格和居住的性价比，渴望释压、追求品质生活的中产阶层已成为民宿的主力客群，因而民宿选址也应考虑周边客源市场的经济实力和规模，是否可以支撑民宿的长久发展。

2. 交通的可达性

通常交通状况会直接影响客人对民宿的选择，因此交通可达性对于民宿尤为重要，距离客源市场的远近决定了民宿潜在的客群规模及经济效益。民宿投资要考虑民宿所在地与目标客源市场的交通可达情况，首先，应考虑民宿所在地与目标客源市场的距离远近，是否在目标客源市场的一小时车程、两小时车程以内。其次，要考虑民宿周边的交通设施情况，包括与机场、高铁及高速公路的距离等。对于自驾游的旅客来说，道路的基础设施建设对交通可达性有着直接影响，且与高速路口之间的距离不应太长，相距半小时内车程最佳。因此，在民宿投资决策中应受到极大的关注。

3. 地方政策的支持性

地方政策导向是一个不可控因素，且受控于当地政府的政策法规。目前，国家对民宿业的政策没有完全确立，而各地政府的法规制度发展程度不一、地方政府对该行业所持态度也不一样。因此，项目投资者在选址的过程中，要考虑宏观政策导向，一些政策性的利好，都有可能对投资项目造成影响。

4. 经济、文化水平与居民态度

民宿投资项目所在地的经济、文化水平对于民宿的规模、档次具有重要的影响。首先，不同的经济水平下，民宿所在地的基础设施情况有所不同，这直接影响民宿投资的前期投入程度和施工难度。其次，绝大部分民宿有效地依托和利用景区资源，因此，民宿投资者在选址时应充分了解当地的文脉资源。民宿除具备休闲度假的功能外，还具备沟通交流的文化属性，游客在入住民宿时可以感受到当地独有的风土文脉，因而区域文化氛围是吸引游客非常重要的因素。当地居民对于民宿业的态度会直接影响民宿投资、经营的难度，民宿的核心是人情味，当地居民的友好程度是旅游业发展的重要前提，直接影响游客对旅游地的满意程度。

二、内部因素

1. 自然条件与气候

自然条件与气候和民宿所处地理位置密切相关，宜人的温度、适度的光照和降水，是吸引游客的重要因素，良好的气候、舒适的温度有利于游客的度假休闲活动。另外，自然条件与气候影响民宿建筑材料、装饰材料的选择，民宿的设计风格要与当地环境相协调，要考虑当地的排水状况和装修材料的防潮性。北方民宿由于冬夏气候原因，具有明显的淡旺季。

2. 景观资源丰富性

有山，有水，才有民宿的灵魂。民宿选址宜选择依山傍水、山水田园相间的自然环境，这是民宿有别于酒店的优势所在。民宿投资前要充分考虑民宿周边的景观资源，最好具有很强的地域性和独特性。

3. 基础设施配套

原真的农家生活不等于理想的田园生活，民宿多选在乡村等偏僻的地方，可能存在基础设施不完善，会导致整体的建设运营成本较高。民宿本身体量小，营收规模也小，配套设施的投资费用可能需要很长时间来消化。

4. 建设成本与运营成本

民宿的前期投入成本中，获取物业与建设成本占主要支出。获取物业成本受所在地经济发展水平和房价的影响，是最大的一项固定成本支出，随着民宿业的发展，大量涌入的资本可能拉动当地物业成本的上涨，延长项目投资回报期。此外，建设成本不仅与民宿的设计风格、市场定位相关，也与当地环境的改造难易程度有关，需要民宿投资者综合考虑生态环境的独特性与改造项目的经济性。

第二节　案例：静西谷民宿的选址

一个充满地域文化的民宿设计，首先需要在设计开始前完成对民宿选址的调研，调研任务包括一系列的自然环境情况、土特产、材料资源和当地的历史文化、民风民俗、方言、宗教信仰等人文条件。民宿在建设和开发之初选址的时候，大多选择能反映当地历史风貌、人文历史、自然风光的地域。而坊口村就是这样一个满足各种条件的传统村落。

一、地理位置

怀来县瑞云观乡坊口村（图2-1，2-2，2-3）坐落在怀来县东南部深山区，明长城南侧，与北京昌平区、门头沟区交界，位于瑞云观乡政府驻地东南7公里处。自然地理上属于军都山西段（燕山西段）与太行山交汇地带，海拔1000米。从地层看，坊口村地处怀来县南部山区——剥蚀构造地形，山脉虽海拔较低，但是峰陡谷深，周围主体为太古界桑干群地层，地质构造属西北向断裂，地处坊口——坊安峪断裂带，全长4公里。坊口村地处太行山和燕山的地理地质分界带，所以造就了坊口村是集山地、高原、荒漠综合景观于一体的混合性特征。

图2-1 坊口村全貌

图2-2 坊口村平面图，呈V字形

图2-3 坊口村卫星图

坊口村区域交通便利，紧邻贯穿南北的东镇公路，向北接京藏高速东花园出口，京包线东花园车站；向南与109国道相连通往门头沟方向；向东接延康公路东花园出口至延庆方向；向西接康祁公路东花园口至蔚县方向。（图2-4，2-5，2-6）

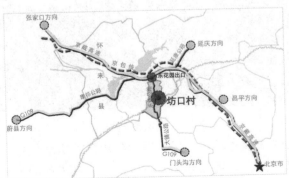

图2-4 坊口村交通示意图

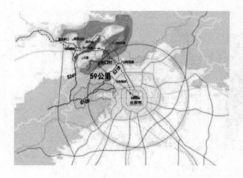　　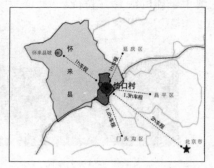

图2-5 坊口村地理位置示意图　　图2-6 坊口村地理位置示意图

　　坊口村傍山而建，四周群山环抱（图2-7），北靠大后坡，东北方向有牛金山，南向有老虎山，东西两侧有鸡冠山和桃山，群山呈围合之势。鸡冠山、老虎山、桃山、牛金山连绵起伏，层峦叠嶂。在坊口，真正是开门见山，山上植被茂密，翠绿的植被覆盖了连绵的群山。

图2-7 坊口村群山环抱

　　坊口村属温带大陆性季风气候，因地处山区，山地气候比较明显。这里的温度比县城低很多，夏爽而冬寒，空气清新，是天然的氧吧，也是盛夏避暑的好去处。据《怀来县志》记载，怀来县包含坊口村的山区，最冷月份的平均气温在 -10 ℃ ~-14.6 ℃，比怀来县城及北京市山前平原冷一些；最热的

7月份，坊口村比北京市区低4.5℃，夏季气候凉爽宜人。坊口村冬春以西北风为主，西沟山谷风尤为寒冷；夏季多东南风，气候宜人。（图2-8）

春天花朵绽放　　　　　　　　　　夏天，郁郁葱葱的植被

秋天，群山如画　　　　　　　　冬天雪景如水墨画

图2-8　坊口村的四季

景观资源的丰富性是民宿的首要条件。坊口周边景观资源众多，南边有镇边城，东边有八达岭长城，西边有官厅水库、永定河峡谷漂流，西北有老君山、鸡鸣驿、董存瑞纪念馆等。（图2-9，2-10，2-11，2-12）

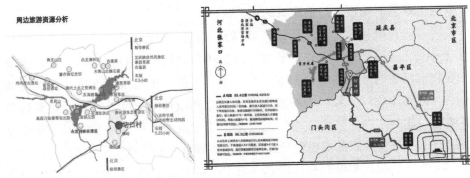

图2-9　周边景观示意图

图 2-10 八达岭长城

图 2-11 官厅水库

图2-12 永定河峡谷漂流

二、长城景观

明初未建长城之时，北京城以北较为险要的山口均已设置隘口，修筑墩台，由官军守护，以便限隔内外。镇边、横岭一线边堡地处京冀交界，北临怀来盆地，盆地以北虽有宣府北山防线重关叠嶂，然北山一旦为北虏突破，即可在半日之内翻越南山，直抵皇陵重地，故隶属昌镇的镇边、横岭、白羊诸城担负着拱卫陵寝、护佑京城的重任。

河北的长城与北京有所区别，长城在北京段大多为外包砖、双墙长城，而进入河北段后则为石砌单墙长城，墙体由就地取材的石料堆砌而成，很多段落并未修建内外两面垛口，而是采用了典型的"单边墙"方式，仅面向塞外的一侧修建垛口，垛口内部留出容人站立和通行的宽度，省略了完整的两面城墙的建筑工序。"单边墙"通常是由于建筑地点山势险恶，或军事价值略低而出于节省成本的考虑修建，所以在防御重地的北京仅见于司马台长城。

这里曾是明代京师防御体系的一部分，明长城是我国历史上工程质量最坚固，设计最科学，结构最完善，保存最完好，旅游价值最高的长城。但由于位置偏远、开发不利等多种原因，很多地方的长城破坏严重。横岭下辖隘口有十四，分别是——黄石崖、东凉水泉、西凉水泉、火石岭、寺儿梁、东核桃冲、西核桃冲、大石沟、陡岭口、莺窝坨、小山口、姜家梁、倒翻冲、庙儿梁。火石岭口是横岭管辖下的第四个隘口。

　　游客沿坊口村后的一条山路登上山顶，就可以登临古老的明长城遗址。这段长城建于明代，古时这里名叫"火石岭口"，隶属于明长城横岭路段管辖，故称为"火石岭长城"，壮观的"V"字形关口（图2-13），是居庸关往西的一道关口。虽然残缺但依然巍峨的长城，在这里呈一个V形，横跨两边的山梁，绵延的长城伸向远方，不禁让人为眼前壮丽的景色感慨（图2-14）。据说在坊口村一农家存有一块匾额，上刻"踞虎关"三个残缺不全的字，故有人称为"踞虎关长城"。踞虎关早已毁于战火，如今能够看到的就只有这由关隘演变来的村庄了。但有认真之人广查资料，并未有踞虎关的记载，此地是否叫踞虎关尚有争议。

图2-13　踞虎关大"V"

图2-14　长城日出

踞虎关长城是最破最残的长城，从建关的明朝至今已经历了500多年的风风雨雨，属于"野长城"。"野"字便很自然地令人联想到狂野、野生，所谓"野"，既无官方的权威定义，也无文人的经典诠释，只是众网友的"信口开河"再加点戏谑的意味，特指那些没有被修葺过或者人为开发的长城。远远望去，但见群峦苍翠、起伏连绵，长城蜿蜒于其上；走近细瞧，更觉残垣断壁、丛生杂草，人迹罕至。

这一段长城是看墙又看楼，看墙是看长城上少见的大"V"，看楼是看长城上更少见的圆楼。这里的圆形敌楼底座是砖砌的，上部虽已塌陷，但是内部的砖石原来也是整齐码放。而因为"野"之故，在特殊的年代里，被人部分的"拆解"了，上部均已坍塌，但下半部分保存完好。可惜楼上的垛口已无法重现，仅凭想象无法还原其本来面目，但其建筑之精美仍能想见（图2-15）。以前，我们只在金山岭见过类似的圆形建筑，但那是烽燧，是用于点燃烽火的柴仓而非敌楼，与长城的墙体并不相连，独立于长城附近的高地。

图2-15 坍塌的垛口

向东穿过"踞虎关"、东西凉水泉、黄石崖诸口，一口气冲上高高的轿子顶，随即转向东南，过电视发射塔后延伸到黄楼洼的高楼。敌楼为上砖下石结构，门洞宽2米多，高3米，关已经被毁。这里还是抗日战争初期抵御侵略者的战场。70多年前，这里的长城沿线，曾经是国民政府军与日本侵略者殊死拼杀的战场。抗战初期，原国民党72师416团少将团长张树桢将军，在与日军的激烈战斗中，率全团官兵宁死不退，就是在这一带与日本侵略者浴血奋战而英勇殉国。

踮虎关长城距离官厅水库不远，距离著名的八达岭长城也不远，是北京和河北交界的地方，是一处尚未开发的残长城，保留着原始的地理地貌。深秋的踮虎关，不见绿叶芳草，满目灰褐色调，本来残破的长城，盘桓在这灰褐色的山野上，雄伟中透着悲凉，彰显一种肃然的壮美。这里虎踞龙盘，层峦叠翠，蓝蓝的天空下，满山植被衬托着古老的长城，不同的季节变换着不同的色彩，赏心悦目。这段长城是京冀长城带中海拔最高的长城段之一，所以，坊口村是"望长城内外"的分界带，也是"北方关口文化村"，更是游牧民文化和农耕文化两种文化交融的地带，具有关口文化和农耕文化的双重特征。由于距坊口村很近，也称"坊口长城"，是坊口村最美的一道景观。

三、历史人文

坊口虽然是一个名不见经传的小乡村，但具有悠久的历史（图2-16）。从遗迹和出土的证据表明，坊口村从战国时期就有先农在这里生产生活。坊口村东有个叫房壳廊的地方，曾出土过夹贝壳粉的红陶片，在20世纪60年代水利施工期间，曾在此处10米以下挖出一座小庙遗迹，在此出土过一个香炉；汉唐仍有出土器物，其中带有绳纹的大号青砖及汉代青铜羊灯；辽宋有鸡腿瓶辽半釉罐出土；元代在瑞云观村有郦道元在此布道说法。明嘉靖时期开始修筑长城，坊口村的山间峡谷到处可以看到大量梯田石堰，是明代守边士兵垦田戍边的产物。

	春秋	秦汉	北魏	北齐	隋	唐	辽
行政变迁	属燕国，为上谷郡	属燕地，设上谷郡，郡治沮阳	怀戎县地属燕州，今坊口地属东燕州，编城郡	属北燕州永丰郡，今坊口地属幽州平昌郡	属涿郡怀戎县	属妫州怀戎县，今坊口地属幽州	属可汗州清平军怀来县，属西京道，今坊口属南京，析津府
大事记	怀来一带曾由东胡占据，燕昭王二十九年击退东胡，筑长城以拒东胡	为今怀来建县始端	正光六年，柔玄镇民杜洛周在上谷郡起义，沮阳县废之，县名弃之	—	隋开皇七年，废永宁，永半二郡，设涿郡，怀戎县属之	贞观八年，北燕州改为妫州，州治怀戎县城	辽初，辽太祖改怀戎为怀来，为今县名之源

行政变迁	属西京路德兴府，为妫州县，今坊口属中都路大兴府	属宣府镇，今坊口属顺天府宛平县	属宣府镇怀来卫，后属宣花府，今坊口属顺天府昌平州	今怀来属察哈尔省	属张家口市怀来县
时间轴	**金**	**明**	**清**	**民国**	**1949年至今**
大事记	金初改道为路，废可汗州；金明昌六年，改怀来县为妫州县	《宛署杂记》第五卷德字：县之西北……与昌平州地方犬牙，又八十里……又四十里曰镇边城，又十里曰横岭，抵边城	《光绪顺天府志》二十八篇：昌平州治东十五里……西四十里白杨城亦曰白羊白，八十九里横岭，西南九十里镇边城	民国初，怀来属口北道，民国十七年划为察哈尔省，1938—1948年，坊口属宛县；1948年初划归怀来县，属第四区管辖	1958年，全县进入人民公社化，坊口属花园人民公社；1961年，将6个人民公社调整为27个，属横岭人民公社；1984年，撤销社队制，建置乡村制，属横岭乡；1998年，横岭乡与瑞云观乡合并，坊口属瑞云观乡

图2-16 坊口村沿革

横岭村关公庙内有一明朝万历年间时修建的关公庙的布施石碑，布施人员中有宋姓人名出现，据此推断，在明代已有宋氏人员在此生活，但宋氏是守城的士兵，还是当地百姓，无从考据。清朝，长城边防作用逐渐退化。嘉庆年间，随着全国人口的数量急剧增加，有先人宋瑞迁居至此，之后，瑞、国、巨、志、德、万、文字辈从此一代一代传下来，坊口村不断扩大。他们的祖辈从山西省洪洞县大槐树移民而来，是一个家族村，90％以上姓宋。

坊口村自明代以来，主要信仰为佛、道、儒，本村原有菩萨庙（"文革"时期拆除）、真武庙、龙王庙（已无遗址）。

菩萨庙坐落在村东北山坳，在当地老乡记忆中为庵洼，有可能在很早以前是由尼姑主持的庵庙，只是猜测，没有佐证。庙内供奉有四尊佛像，大佛像为菩萨，菩萨前面是石佛像，一边一个童男童女。庙旁有一棵600年左右的大松树（2-17）。庙宇在"文革"期间被拆除。

真武庙在坊口村村南，由戏楼、山门、钟楼、正殿、东西厢房组成的建筑群，总占地面积在400~500平方米。真武庙供奉的真武大帝及财神和马王神，真武是北方的神，主政北方的刀兵、水火。由于在宋明时期危害主要来自北方，主要指匈奴、瓦剌，洪水、冰雹也来自北方，为此专门修筑了真武庙。

龙王庙在村东北的一个台地上，庙宇为一间，里面供奉着龙王爷等几座神像，壁画为风神、水神、雨神、雷神、电神，主要为祈雨保丰收建造。

除此之外，村内有大量古迹遗存和建筑，有西察院、军垦田等遗址，还有明朝古松两处，明朝石观音像一尊，20世纪60年代的戏楼一处，古河道两处，荒废古井两处，古商道遗址一处，民国时期商店四处，清末老宅一处（2-18）。

村东边有一个大坑，深14米，宽13米，是农业学大寨时期，铁娘子排排长宋桂英带人两年挖成的，本要用于灌溉的，但之后并未投入使用

图2-17　村里的古松

图2-18　清末老宅

坊口村有三大特产（图2-19）：核桃、杏仁和黄芩茶。其中，黄芩是一种中药，也叫山茶根、土金茶根，属多年生草本植物，生长在千米高山之上，一般生长在山坡或者是山顶比较干燥的地方，喜温暖，比较耐严寒，一般都是生长在北方，富含硒、钙、铁、锌等微量元素，还有多种维生素、氨基酸等营养物质。

图2-19　坊口特产

坊口蹦蹦戏（图2-20）也称"二人转""莲花落子"。莲花落在唐宋时期得名，一人唱，众人和。莲花落也称"落子"，是北方的一种民间说唱艺术，边说边唱，且歌且舞。二人转的历史要比莲花落短，大约有300年的历史。东北特色的二人转主要来源于东北大秧歌和河北的莲花落。

晚清和民国时期，辽宁西部出现了大量著名的蹦蹦和莲花落艺人，光绪十七年（1891年），东北蹦蹦艺人从锦州将这一演出形式带到关内，并借鉴了河北梆子的打击乐器和板式，将蹦蹦从说唱歌舞形式演变成了戏曲形式，形成评剧的雏形。清代末年，部分莲花落艺人在北京城及周边的房山、顺义、平谷、门头沟等地进行演艺活动，逐步走向一种较为成熟的民间说唱艺术。

蹦蹦戏作为一种较为古老的民间艺术，由于当时学唱的学员文化水平都比较低，都是靠口口相传传授下来的。1935年，镇边城村程玉富从昌平聘请了唱蹦蹦戏的教师到镇边城传授技艺，取名为"荣华和班"，后来，蹦蹦戏又陆续流传到坊口、坊安峪、小七营、板达峪四个村，受到村民的喜爱和欢迎，每年春节、二月二等重要节日，村里都要唱蹦蹦戏。坊口村现有蹦蹦戏演员和文武场人员10余人。

图2-20 蹦蹦戏演出

第三章 民宿的整体规划

第一节 民宿的前期规划

一、民宿的整体定位

定位是投入建设的前提，将为民宿的建设提供方向和道路，精准的定位是民宿成功的前提条件。只有明确了服务人群的需求，才能创造准确的产品，提供完善的服务。精准定位、特色文化，确立项目的核心竞争力，这将成就民宿的品牌特色。

一切的运营策略需首先围绕"定位"来展开，定位主要包含用户定位、区域定位、市场定位、主题定位、文化定位、形象定位。

1．用户定位

数据显示，2016年，中国民宿客栈的主要消费群体集中在70后、80后，而90后消费潜力巨大，运营者首先需要做出用户画像，包含性别、年龄层、偏好、知识层次、地域等，尽可能精细，不断缩小目标用户范围，精准定位目标用户，为后续营销打好基础。

2．区域定位

分析和划定目标用户来自哪里？之所以要做用户的区域定位，很重要的一点，是为后续进行区域精准营销做准备。

3．市场定位

民宿在策划之初就要在地理上确定所要面对销售的区域，确定客户群，确定客户群的行为及心理特征，消费能力及定价，分析主要竞争对手的优劣势，包括同档次酒店和其他民宿的产品、价格、客源渠道、合作对象等。

4．主题定位

鲜明的主题就是高高举起的旗帜，永远是吸引某类人群（调性相同）向你靠拢的最有效方法，打情怀牌只能取悦你自己，客户不会为你的情怀买单。结合自身民宿特色来树立合适的主题，如亲子、情侣、婚纱、小资、隐居等，给自己的民宿贴上标签。

5．文化定位

在明确客户群体及需求之后，民宿的策划要确定空间产品设计的文化精神内涵，并提供对应的偏好设计素材，以指导硬件建设，形成合适的物质空间，并具体到空间的设计风格、需要配套的服务设施等。

6．形象定位

形象定位是所设计的产品在民宿市场、公众、同行和社会中的位置，民宿各维度形象的总和应对预想的市场人群构成吸引力，并通过产品设计，满足或是创造消费。在形象定位及品牌维护中，将文化内涵贯穿建设和经营的整个过程是支撑民宿可持续发展的重要因素。

二、民宿的文化定位

民宿跟传统的酒店、旅馆不同，也许没有高级奢华的设施，但民宿更多的是面向体验当地生活的游客，因此也更注重地方特色的打造和舒适氛围的营造。只有坚持良好的特色与风格，选对合适的客人，才更能创造民宿本身的魅力与价值。民宿要区别于酒店、宾馆，需要多次实地考察结合周边环境与初定的主题文化，然后对民宿进行产品定位。

1．地域文化

民宿是客人体验当地文化的一个入口。民宿的文化要融于当地文化中，通过住宿形态来阐释当地文化，用建筑、服饰、餐饮、器具等表达地域文化。客人可以通过建筑、雕塑等了解当地文化，或在大厅公共空间放置一些介绍当地文化的书籍、影视资料、画册等。也可以组织客人去参加当地的一些民俗活动，系统展示当地文化特色，介绍当地节庆、婚丧嫁娶民俗风情，加深客人对当地文化的认知。在饮食文化上，餐饮从用料、制作手法、器皿到菜名，符合当地特色，要开发出具有本地浓郁特色的地方菜，从原料到制作手法保持原汁原味。

2．民俗文化

由于各地地缘特性、气候条件、经济发展等因素不同，受其影响形成各地不同的民俗，民俗文化其实就是地域文化的一种表现形式。民俗指的是由于长期发展而形成的较为稳定的生活方式及社会风尚。民宿作为新型的旅游产业类型，必须与当地浓郁的民俗风情相结合，并利用其独特的优美环境、脱俗的乡土文化生活和温馨的风土人情，才能显示出与众不同。在民宿环境营造上，建筑装修和装饰尽可能简约、复古，使空间的整体感觉显现淳朴的山乡风情。

3. 乡土文化

逆城市化的进程中，城市的人们渴望回到乡下，体验原生态的乡下生活。每个人内心深处都有一份挥之不去的乡土情怀，民宿在某种意义上是精神的回归。民宿要体现乡土文化，在建筑上保留原有古老建筑风貌，通过建筑及周边地理形态来传达乡土文化，构建乡土文化的多重场景。一些客栈民宿本来就是由一些老宅子或具有历史意义的宅子修缮而成，本身就具有很强的文化厚重感，再在庭院里摆放一些农具、渔船、犁具、碾盘等，让客人可以体验原汁原味的乡土文化。对旅居者来说，还可以去田里采摘，可以去荷塘垂钓，呼吸新鲜的空气，感受泥土的芬芳，恰恰是最具魅力、最有吸引力的。

看厌了钢筋水泥的繁华都市，寻一处静谧山水悠然小憩，成为当下诸多都市人的选择。可以说，对于民宿来说，首先在一个"民"字，离不开民间、民族和民俗。所以说，只有融合民俗风情，才能开发独具特色的民宿；民宿如果不与淳朴的、纯粹的、乡俗的地域文化结合，就只剩下一个空壳。总之，设计一个民宿，不是简单地设计一栋房子，而是设计一种生活形态。住民宿的人，都是有情怀的人，情怀是撩拨人心最好的东西。人看到老房子会怀旧，勾起了人们心中对儿时生活的回忆，而带有了现实的温暖和回忆的味道。由此可见，民宿不仅仅是生意，更是一种情怀，民宿是生活态度的分享，是人情味及贩卖主人魅力的温情产业，是创造幸福与感动的地方。民宿不单单是一栋建筑样式，更是一种乡村生活的体验，民宿更加关注用户的精神需求，从服务到设计都更有人情味儿，为用户提供个性化、人性化、理想化的住宿体验。

三、民宿的功能定位

传统民居原有的功能受建筑的单一结构限制，房屋体量、空间偏小，只能满足一般的传统生活和居住功能，一般建筑分为堂屋和偏房，堂屋面积稍大，划分出客厅与卧室，偏房用作厨房及储物空间，但缺少休闲空间的设置。而且民居的功能少、空间小，建筑本身的高度受限，不能单纯地通过增加楼层、扩大室内面积来满足现代民宿的功能需求。

而民宿作为新型的住宅产品，应配套合理的功能空间，除了基本的客房、餐饮空间，还应增添基本的室内及户外公共活动区域，如庭院、接待大厅、开放式厨房、卫生间、浴室、会客室等。温馨气派的会客室，汇聚接待、会客、聊天、休闲等功能，开放式的厨房、餐厅区域作为公共空间，要尽可能宽敞、明亮，是很好的交流和分享场所。客房的设置根据面积和观景度，划分 2~3 种规格，配备落地窗等超大观景台，增加采光的同时引入自然风光。标准的客房应有独立卫生间及基本的桌椅、衣柜等家具，满足舒适、温馨的居住体验。

民宿的功能设计要体现出人性化，主要体现在舒适性、互动性和体验性三个方面。

1. 舒适性

设计首要考虑舒适性，色调温馨、布局得当的室内装饰，家具软装中舒适的质感和图案色彩的搭配，冷暖灯光的相互协调，引入自然景观的庭院，石道、溪水、小景、池塘及休闲座椅，都是在功能基础上的人性化设计。房间内设计一处玻璃落地窗，布置休闲座椅、按摩浴缸，让游客放松身心的同时，在民宿客房空间内，就可以欣赏优美的自然景观。

2. 互动性

民宿主人与游客之间的互动环节，是乡村旅游的一大特色。尤其是庭院，作为民宿的灵魂，作为户外活动场所，可以划分出不同的功能区域，开敞式与封闭式、围合式与半围合式，形成生动有趣的空间，加上景观小品，还有多种铺装形式，营造出生机盎然的庭院氛围。

3. 体验性

在厨房的设计中，由封闭的后堂改为开敞式的共享厨房，民宿主人在烹饪美食的同时便于与游客交流，好奇的游客也能体验到烹饪美食的乐趣；就餐环境采用长型并排式餐桌，主人与游客一同就餐，体现民宿的待客之道及家人的亲切感。

总之，在提高民宿硬件设施质量的同时要满足游客文化交流的需求，增加公共空间的文化交流，这也是民宿改造的核心所在。

第二节　案例：静西谷民宿的前期规划

一、静西谷民宿的打造

民宿的名称在民宿消费市场中较为重要，辨识度较高，能够直观地体现出民宿的印象，因此，民宿的命名尤为关键。通过对民宿自身的定位、主题、本地历史文化、环境特征及体验等，形成较为独特的民宿名称。

静西谷位于河北省张家口市怀来县瑞云观乡坊口村，在群山环抱的山谷之间，四面皆山，层峦叠嶂。静西谷四面环山，北邻着官厅水库，村里面就有明代的长城，与八达岭长城相连。坊口村村貌古朴，民风纯净，环境优美，坐落在群山环抱的静西谷，位于京西，取"京西山谷"的谐音，名为"静西谷"。由此可知，"静西谷"民宿的名称就是来源于地理位置，"静"谐音"京"，意思是位于北京西边、长城脚下的一个小山谷，"静"字突出了民宿的定位和特色，可谓一语双关，含义深远。

二、静西谷民宿的定位

静西谷的目标人群定位：20 岁左右、热爱社交活动的大学生等青年群体；三四十岁，有一定经济基础，热爱生活，享受体验家庭氛围并且热爱旅游休闲的中年人群；长期在外，以旅游为乐的背包客群体；工作压力大，需要放松的职场人士。

静西谷的主题定位：艺术村落。

静西谷的主人是学艺术的，很自然地就把静西谷定位为艺术村落。当然，这里的艺术门类广泛，包括美术、电影、音乐、建筑、景观、雕塑、戏剧、书法等。因此，静西谷的主流消费群定位是不同的艺术家，引入一些个性化的文化元素，如禅修文化、乡土文化、茶文化等，通过文化将目标群体进行细分，吸引不同群体入住，把民宿做成艺术家的流动驿站，如静西谷民宿以艺术为主题，所以有手工坊、陶艺坊、摄影工作室、动画基地、电影基地等，力争每个院子都有自己的主题。

其中一个院子是陶艺坊，主要是烧制陶瓷、陶艺，不但有练泥、拉坯、上釉、烧窑等全套工序，还烧制印有静西谷Logo的全套餐具。游客也可以亲自上手，尝试拉坯、烧制陶艺。还有一个院子作为摄影工作室，在大厅、走廊、房间都悬挂一些摄影作品，在公共空间的书架上，放置有摄影画册及摄影主题书籍，不定时举办一些摄影主题分享会，从而加深这一特色。静西谷民宿还经常举办各种主题活动，如乐盒英语戏剧节（图3-1）、中秋国乐赏月会（图3-2）、电影节、北京电影学院公益活动"走，一起去看"（图3-3）等多种多样的活动，积极探索自己的特色和主题文化。

图3-1　乐盒英语戏剧节

图3-2　中秋国乐赏乐会

图3-3 北影动漫专业学生暑期创作实践

静西谷的文化定位：生活艺术化、艺术哲理化、哲理诗意化。

静西谷民宿支持和迎接国内外的艺术家来写生创作。后期还将投入专门的青年艺术家扶持基金，经济上支持艺术家的创作。而事实上，静西谷处处都散发着艺术的气息，田园风情无处不在，处处风景可入画，处处风景是摄影作品（图3-4，3-5，3-6）。静西谷主人将"空心化"的传统村落——坊口村，以"精品酒店＋民宿群落"的形式进行改造，在现代建筑风格中融入古典元素，打造野奢型的民宿，让游客在旅途中寻找现代的"桃花源"。

图3-4 坊口村后的长城　　　　图3-5 坊口村处处风景都是一幅摄影作品

图3-6 长城剪影

静西谷的设计风格定位: 创意型文化民宿、乡村体验型民宿、野奢型民宿。

三、静西谷民宿的功能定位

坊口村是防护之口，静西谷是京西之谷。

怀来县瑞云观乡坊口村位于京西，北京门头沟与怀来县交界的地方，海拔1000米，东临八达岭，北望官厅水库，南连太行山。村域有明长城的"踞虎关长城"，是京西北关"防卫之口"，故得名"防口"，后讹为"坊口"，故名坊口村。坊口村是瑞云观乡一个小山村，呈"V"字形，但村后几株参天古柏，昭示着该村的悠久历史。山脉虽海拔较低，但是峰陡谷深，坊口村傍山而建，四周群山环抱，北靠大后坡，东北方向有牛金山，南向有老虎山，东西两侧有鸡冠山和桃山，群山呈围合之势。沿坊口村后的一条山路登上山顶，山背上古老的明长城遗址随着山势盘旋蜿蜒，形成一个大大的"V"字形。

静西谷在绮丽秀美的山区风景环绕中，恪守着一份独有的宁静。来到静西谷，真正是开门见山，山上植被茂密，翠绿的植被覆盖了连绵的群山。四季风景不同，春天夏季清凉，冬雪穆穆。

静西谷是由一个古村落改造而成的乡村生态酒店群，运用坊口村独特的风土人情和乡土文化为元素，打造个性化民宿，在现代建筑风格中融入古典元素，以纯朴、自然气息浓厚的氛围，打造为野奢型的民宿。

静西谷是"田园之谷""休闲之谷"。

静西谷是标志就是坊口村的特产核桃树的叶子造型。静西谷最大特点是具有乡村的原始生态特征，每一间房舍外表都保留农家样貌，展现当地固有的民俗和风情，显现出原汁原味的乡野气息。

静西谷是野奢型民宿、乡村体验型民宿，更是创意型文化民宿。静西谷的主人将"空心化"的传统村落，以"精品酒店＋民宿群落"的形式进行改造，在现代建筑风格中融入古典元素，精心打造了一个世外桃源般的乌托邦，让游客流连其中，乐而忘返。现代生活中的"桃花源"，就在静西谷。

四、静西谷民宿的经营理念

作为小而美的个体，国内民宿却依然停留在卖住宿，而不是卖生活态度的阶段，这样肯定是不行的。民宿就是人们消费升级的产物，是一种生活状态的营造。民宿是一种情怀的极致表现，是适应后工业时代的消费环境中人们获取品质生活内涵的创新性住宿业态。民宿，有时候是一种淡淡的乡愁，有时候就是对快节奏生活的一种叛逆情绪，因此民宿才能引起都市人的共鸣。民宿不仅仅是生意，更是一种情怀。我们所梦寐以求的，无非是一个与众不同的心灵栖息地。

静西谷民宿就是一种能够满足消费者精神回归需求的住宿方式。群山环抱的坊口，拥有得天独厚的自然风光和纯朴的民风，游客融于民俗风情浓厚的环境，还能参与多种农业文化活动和农耕活动。静西谷民宿的经营目标是返璞归真，远离繁忙的都市困扰，回归大自然，让身心更加健康；静西谷把对时尚的追求和对自然的崇尚完美结合，既满足对乡村生活和自然美景的向往，又满足现代人休闲度假的需求。

静西谷民宿的最大特点是具有乡村的原始生态特征，每一间房舍外表都保留农家样貌，显现出原汁原味的乡野气息，展现了当地的民俗和风情。而建筑外部尽可能简约，内部采用精装修，奢华与朴素混搭，舒适和自然结合，既体现了当地纯朴的山乡风情，又不动声色地将星级酒店享受与乡村自然宁静的生活自然融合。

静西谷民宿实行管家制服务，努力通过一些服务的细节去营造家的氛围。由于静西谷民宿处于山区，温度比城里低很多，每次工作人员都会专门提醒客人带厚的衣服；客人来了，亲自去迎接，让客人感受到家的温暖，能够在这里无拘无束，自由自在地放松、休闲、娱乐。对客人系统地介绍当地文化特色，或者介绍一道菜从原料、制作方法到菜名的由来等，有时还组织客人参加当地的一些民俗活动，参观当地居民的生活，从而加深客人对当地文化的认知。①

因此，静西谷的经营理念：不仅是设计一幢房子，而是设计一种有态度的生活方式，打造一个与众不同的心灵栖息地。

---

① 吴文智. 民宿概论 [M]. 上海：上海交通大学出版社，2018.

第四章　　民宿的品牌形象

第一节　　民宿品牌形象设计

　　随着经济水平的快速提升，消费的不断升级，快节奏生活中的人们也越来越需要更合适的空间来放松自我、回归自然和体验文化，这一现实状况也导致民宿需求大幅增加。在政府大力支持和鼓励发展旅游产业的大背景下，我国民宿业发展迅猛，竞争也空前激烈，塑造民宿品牌形象的紧迫性也日渐凸显。

　　品牌形象设计简单来说，就是一个企业对外的象征和宣传的中介体，它的目的就是让品牌形象得以塑造。由于消费心理决定了品牌形象的重要性，民宿品牌的打造首先是强化品牌形象。民宿品牌形象设计就是展现一个民宿的外在形象。高端民宿的品牌设计，通过字体的图形化提炼、辅助图形的创意表现、色彩的特色化设计等，在众多品牌中脱颖而出，以鲜明的品牌设计特色赢得消费者的青睐。民宿品牌的打造是一个从多层次入手，形成视觉、感受合力的过程：从其周边产品体验感的层面；整个民宿建筑及其中各类物品及装修风格的非功能性层面；从床的宽敞、软硬度，到室内吊灯、台灯灯光的柔和度，再到桌椅的配适度与舒适度，从物品的质量、使用感受到审美性等均涵盖在内。总之，从地域特色、主题设置、风格选择，以及民宿所传达出的生活态度与当地民俗文化等方面，都是在传递品牌文化。

　　因此，强化民宿的品牌形象，既可以突出民宿的形象，又可以树立民宿个性化的市场定位和良好的公众形象，扩大影响力和知名度，同时可以将民宿高标准的管理和优质的服务信息传递给消费者。

　　视觉识别系统是运用系统的、统一的视觉符号系统，视觉识别是静态的识别符号具体化、视觉化的传达形式。视觉识别系统通过具体的形象语言表达抽象理念，要求内容齐全，言简意赅，并在视觉上有突出和强烈的效果，能让人产生共鸣，并留下深刻印象，做到有识别性和传达性。

人们对品牌的信息大部分是从视觉中获得的，因此，民宿作为一种回归自然、体验文化的场所，其品牌形象要想脱颖而出，就必须凸显出鲜明的视觉特征。民宿的品牌视觉识别系统包括品牌的标志组合、色彩组合、广告设计等，基本要求简洁大方，但影响深刻。民宿的视觉识别系统包括基本要素和应用要素。

一、基本要素设计

1. Logo 设计

民宿名称及标志是一家民宿的形象代表，标志不但包括造型，还包括颜色及字体，都反映出一家民宿的品质和定位。Logo 是一家民宿的形象代表，是传递品牌理念的视觉表达符号，是品牌形象的核心，其将品牌可视化，是视觉审美的形式输出。Logo 包括民宿名称及标志、字体、颜色及图案，如图4-1，4-2，4-3，4-4。

品牌 Logo 设计作为一种具有唯一性、排他性特征的视觉符号，是构成品牌形象最核心的视觉要素，通过频率最高的使用，将品牌形象的象征与精神理念的视觉化呈现深入人心。设计师在品牌形象设计过程中，要重视对企业的文化和内涵的解读，而不是注重 Logo 图形的造型美感。

民宿标识设计应依据当地的民俗特色和地理位置，对周边的地理环境加以合理利用，将这些元素融入最终的设计方案中，打造出隐逸、淳朴、自然的视觉感受，尤其要体现出简洁、浪漫、文化性、个性化。因为视觉识别系统作为企业形象的视觉化呈现，一旦确定，对外展现的种种都将是一种标准化的呈现。

民宿标志基本要素包括企业名称、企业标志、标准字、标准色、象征图案等。其中，企业标志、标准字、标准色是设计里最直观和出效果的内容。

2. 标准字

标准字体是指经过设计的专用以表现企业名称或品牌的字体。故标准字体设计，包括企业名称标准字和品牌标准字的设计。标准字体是根据企业或品牌的个性而设计的，是企业形象识别系统中的基本要素之一，应用广泛，常与标志联系在一起，可直接将企业或品牌传达给观众，与视觉、听觉同步传递信息，强化企业形象与品牌的诉求力。

3. 辅助图形

辅助图形与标识中的标准图形，同为视觉形象系统中的基础要素。辅助图形能够准确合理地组合应用，并迅速地传达品牌信息，增强品牌的可识别性，使受众能够清晰辨识品牌。

4. 标准色

标准色指企业为塑造独特的企业形象而确定的某一特定的色彩或一组色彩系统，运用在所有的视觉传达设计的媒体上，通过色彩特有的知觉刺激与心理反应，以表达企业的经营理念和产品服务的特质。标准色是在企业视觉识别系统设计的主要应用颜色，代表了企业对外形象视觉系统的主色调，而且颜色要符合品牌调性、醒目，方便传播与应用。

图4-1 印象山庄Logo设计

（罗卫锋设计）

图4-2 印象山庄标准字设计

（罗卫锋设计）

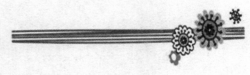

图4-3 印象山庄辅助图形设计（罗卫锋设计）

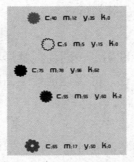

图4-4 印象山庄标准色设计（罗卫锋设计）

二、应用要素设计

民宿所有的地方都采用整套完整、统一的视觉识别系统，将大大丰富住客的细节体验，不但可以时刻强化客人对民宿的印象，而且可以提升民宿的品质。对于重视企业品牌形象的公司，从办公环境、信封、纸、笔、水杯等很多与办公事务相关或者属于企业财产的各项物体（如图 4-5，4-6，4-7，4-8，4-9），都有视觉识别系统的体现，这就要求在应用系统中塑造品牌形象。民宿的应用系统包括门牌系统、路标系统、办公用品、服饰床上用品、餐具、礼品等，这些细节的设计最能反映民宿的品质。考虑民宿的自身属性，寻找到适合民宿品牌的形象设计的表现方式，如门牌系统和路标系统是指那些标明民宿各个房间名称和各个区域位置的指示牌，一般根据实际情况进行专门的设计和定制。

图4-5 印象山庄名片设计（罗卫锋设计）

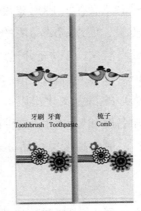

图4-6 印象山庄一次性用品设计（罗卫锋设计）

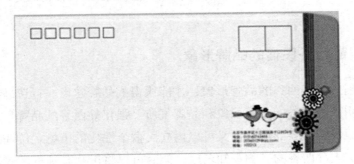

图4-7 印象山庄信封设计（罗卫锋设计）

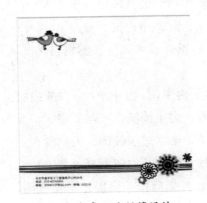

图4-8 印象山庄便笺设计
（罗卫锋设计）

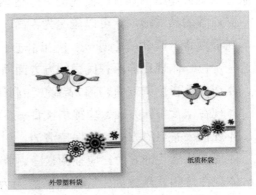

图4-9 印象山庄手袋设计（罗卫锋设计）

　　整个民宿行业走向规范化、品牌化，体系化的形象设计是民宿业走向高端的前提，在设计时可以充分融入具有当地特色的文化符号，将其提炼转化为视觉符号融入民宿品牌形象设计中去，不仅体现出品牌的独特魅力，更是提升品牌质量、展现高端品质的关键。民宿受众的收入或文化水平均处于整个社会的较高层次，可以充分运用这一特点，以输出文化为特色，将当地人文、历史、民俗等文化与高端民宿形象相串联，在使顾客享受到舒适的视觉感的同时，使当地的特色文化得以进一步传播，而文化的广泛传播又会进一步扩大民宿的知名度和影响力。这种以品牌拉动地区文化输出是民宿高端化发展的终极目标，更是高端民宿品牌未来发展的大趋势。

第二节　案例：静西谷民宿的品牌形象设计

一、静西谷民宿的品牌形象

只有确立了静西谷的品牌形象，才能谈得上品牌建设。打造静西谷的品牌，必须明确静西谷的品牌形象和品牌气质。强化静西谷的品牌形象，既可以突出静西谷在外界的形象，又可以树立民宿个性化的市场定位和良好的公众形象，扩大静西谷的影响和知名度，同时可以将民宿高标准的管理和优质的服务信息传递给消费者，使他们更好地感知民宿的经营风格和服务水平。[①]

静西谷的品牌形象，可以概况为：简、淡；素、净；文、雅。

在静西谷，强调清心寡欲，突出静心、静思，思考人生、感悟自然。而且这一定位，体现在静西谷民宿的方方面面：

体现在色彩色调方面，应以高级灰、利休灰为主调，力主单纯，力戒艳丽；

体现在饮食餐饮方面，应提倡素食、素餐，力主清淡，戒除荤腥；

体现在床品卫浴方面，应保持清洁、干净，排除过多装饰，力求淡雅；

体现在装修装饰方面，应强调素净、淡雅、简约，力戒繁复、花哨；

体现在休闲娱乐方面，应突出清静无为、打坐禅修，提倡艺术化生活，排除一切强调五官刺激的娱乐；

体现在产品形象方面，应加强乡土元素、乡村材料的运用，充分体现和展示所在地的文脉；

---

① 吴文智. 民宿概论 [M]. 上海：上海交通大学出版社，2018.

体现在建筑设计方面，在产品中注入文化信息，强调历史、文化、艺术层面的挖掘。

二、静西谷民宿的视觉设计

静西谷的Logo，包括民宿名称及标志、字体、颜色及图案（如图4-10，4-11，4-12）。静西谷的标志Logo，就是取材于坊口村最常见的果树——核桃树，取其叶子的造型，核桃树叶型优美，叶脉丰富，叶势饱满。Logo的寓意植根乡土，并回报乡土。深褐色的树叶，配以高级灰的字体，整体搭配和谐典雅，颜色显得沉稳、深邃。树叶的造型配以古朴的仿宋体"静西谷"三字，低调不张扬的气质中，透着不用言说的自信。从传达效果来看，中文或许看不出其业务范围，但英文"Hotel and Resorts"明白无误地阐明了民宿的功能。

图4-10　静西谷Logo设计

图4-11　静西谷标准色

静西谷

图4-12　静西谷标准字

可以说，静西谷的标志简洁明快，古朴透着雅致，简练中透着深邃，标志看上去虽然简单，但内涵深厚，寓意深刻，点明了静西谷民宿的本质和归宿，体现了静西谷民宿的乡土性，但却不显得土。看到这个标志，让人不由自主地想起毛阿敏的《绿叶对根的情意》。

静西谷的标语

静西谷，田园之谷，休闲之谷；

静西谷，人文之谷，艺术之谷。

静西谷的标语不但阐明了静西谷民宿的田园特色、休闲功能，还进一步强调了人文、艺术的高端定位。

静西谷的广告语

静西谷，

静心，静思。

致虚极，守静笃。

静以修身，俭以养德。

心淡自觉味简，神敛自觉言简。

非淡泊无以明志，非宁静无以致远。

静西谷，

居住，思考

融生活，化艺术，

艺术生活，诗意栖居，

以生活为媒，悟自然之理，

借艺术之形式，抒人生之哲思。

静西谷的广告语是一首形式精美的宝塔诗，用更精练的语言，对静西谷标语进行了最精准的阐释，阐明了艺术化生活，生活艺术化的追求和理念，恰如其分阐述了静西谷的定位。

三、静西谷民宿的应用系统设计

应用系统包括入口、钥匙、布草、餐具、门牌、指示牌、礼品等（如图4-13，4-14），这些细节的设计是最能反映民宿品质的地方。静西谷的应用系统包括门牌系统、路标系统、礼品系统等。静西谷民宿所有的地方都采用整套完整、统一的视觉识别系统，将大大丰富住客的细节体验，不但可以时刻强化客人对民宿的印象，而且可以提升静西谷民宿的品质。

图4-13 接待中心　　　　　　　　　　图4-14 咖啡厅

其中，静西谷民宿的门牌系统、路标系统是最有特色的。门牌系统和路标系统是指那些标明民宿各个房间名称和各个区域位置的指示牌，一般根据实际情况设计不同材质（木质、石质、钢质、玻璃等）、不同形状（长形、方形、圆形、不规则的形状等）、不同大小的指示牌。静西谷的门牌系统和路标系统全部采用木质制作，在长条形的木板上用毛笔统一书写，颇有汉简的味道，显得古拙、朴茂。虽然只是简简单单的手写木板，但古拙的汉隶与古朴的乡村融为一体，别有一番风味。所以，静西谷民宿独一无二的指示牌成为民宿的装饰品，体现了民宿的特色和文化的载体，既方便游客找到民宿，又能使游客感受到静西谷民宿厚朴、古淡的文化内涵。

静西谷民宿将标识渗透到民宿的每个细节，如餐具、杯垫、门牌、路标、内刊，甚至一些软装上。未来，静西谷的餐具也由静西谷陶艺自己烧制，不但有自己专用的Logo，而且由专门的设计师进行设计；包括静西谷的礼品系统，包装、设计也是独一无二的，由静西谷民宿独家出品（如图4-15）。

图4-15 静西谷伴手礼

第五章　民宿的改造策略

第一节　民宿的改造策略概述

一、挖掘地域文化

1. 提取地域文化符号

地域文化视觉元素可以用提炼与简化的设计手法进行创作，提炼是对民宿所在地的文化内涵语言进行有目的的提炼，简化是将它的复杂形式结构简单化。这种手法并不是对原本的图形的大小、纹样 1:1 复制，而是深入挖掘图形纹样原本的关系和深层次含义，将其设计创新。对于民宿个体而言，周边丰富的乡村元素值得借鉴，如乡村文化礼堂、宗祠庙宇、民办博物馆等，都有其村落文化、古今名人、文明乡风、民俗民风、地方产业等特色内容。而建筑形式可以借鉴周边具有代表性的元素，如寺庙教堂、书院古宅等有着明显地域特色的元素，或者和周围乡村建筑保持统一的风格。不但在建筑材料肌理和色彩上，尽量使民宿与传统建筑风格更加统一，以保证村落的"原汁原味"为原则；而且用传统建筑材料和新型建筑材料相结合的形式，使传统建筑恢复原貌，形成新旧之间的对话。在建筑设计中，有意将周边特色的自然景观引入室内，凸显建筑与生态景观的融合，延伸其美学价值。总之，民宿利用周边自然环境和人文风情的独特性与专属性，围绕鲜明的主题定位，在建筑风格设计、房间装饰装修和风味乡村食品开发方面，进行深度策划，打造极具创意的特色民宿。

2. 乡土材料的再利用

传统的建筑材料古朴而又亲切，木材、石材、竹材作为传统建筑的材料代表，不仅代表了当地的乡土气息，与当地的环境融为一体，还可以延续民居的特色风格。传统石材具有现代材料所没有的亲和力，在民宿中使用这些，会满足游客的归属感。因此，在民宿改造实践中，建筑材料应当就地取材，通常选用与自然契合度较高的材料。就地取材可以大量节约成本，采用当地材料能丰富建筑的情感、美学和材质特征；尽量采用回收的旧木料，回收或再生材料的利用、保留原始的土夯墙、当地石材及竹木等，可以减少建筑垃圾的产生；乡土材料在设计中体现的则是朴实、厚重的生活状态和情感，收集当地的石磨、石槽，作为景观小品元素，可以充分呈现地域文化的特色。乡土材料的再利用行为本身，就是通过材料、物件的方式来保持和延续当地的乡土、传统文化，就是对乡土文化的重视。

3. 延续民风民俗

很多民宿都位于古村落或者古风景区周围，其建筑设计一般重视风俗，如以四合院建筑为基础的北京民宿，应保留四合院的民风民俗。四合院中间是庭院，民宿也应保留四合院的原本功能分区，再现传统民风民情。在一些民宿改造过程中，将原有建筑中一些无法使用的材料或生产生活工具进行改造，重新利用做成室内家具，或在条件允许的情况下，对建筑的废弃材料进行重新利用，转化为民宿的功能构件或装饰构件，不仅可以使得乡土材料和物件得到再利用，或者运用传统生产生活方式相关器具和家具来装饰室内空间，能够进一步强化乡土气息。

二、延续传统文脉

挖掘地域文化的目的就是更好地延续历史文脉。一个有特点、有情怀的民宿空间，就要深入挖掘文化内涵，加大对传统艺术、传统民俗、人文典故、地域风情等非物质文化遗产的发掘力度和传承力度。

1. 尊重场地、环境

以民宿改造为例，在整体控制性原则下，要尊重场地、环境和历史风貌，保证以下几个不变：其位置、体量、形态不发生大的变化，这是对场地、对村落肌理、对村落整体和区域风貌最大的尊重；在改造过程中，尽管需要重新加固屋顶、梁柱等承重结构，屋顶要重新铺瓦及防水层，按照现代人的居住和旅游的习惯来分隔和布置室内空间，但在改造时尽可能对村落文化、建筑肌理采取尊敬、保护态度，不进行人为的破坏，尽可能使用当地的工匠技艺来完成，从而保证乡村文脉的延续和传承；①民宿中斑驳的旧墙壁是自然老旧的效果，改造中保留剥落的状态，并不刻意去粉刷，让充满历史记忆的老墙壁得以续写新的历史。

2. 彰显地域文化

空间设计要融入当地文化符号和视觉元素，体现当地的文化内涵，彰显乡土特色和地域文化特点。需要新建的部分，尽可能从本土建筑抽取传统的要素来进行设计，是对传统建筑理念的利用和再生表达，如新建的餐厅尽可能使用传统的材料，通过一些再利用的材料、物件，不断介入民宿这个物质空间中，如使用老的砖墙建筑来布置客房。室内摆设、用品和室外小品布置要体现乡土情调，做到人居环境和人文环境、自然环境的有机融合。保留和收藏当地的农具、用具和生活用品，将许多原来的生产生活用具通过改造、展示的方式呈现，不但呈现浓厚的乡土气息，而且可以起到唤起传统记忆，起到文化提示的作用。

3. 还原传统尺度，再现传统生活方式

民宿建筑的本质是为了延续一种舒适的生活环境，让游客体会到与都市不同的慢节奏生活方式。民宿应恢复传统的尺度，才会有人气、有亲近感。例如：街的宽度在 3~4 米，适合于商业交换；而巷道只提供人之间的通行，宽度在 1~2 米；街道空间的高宽比一般在 0.5~0.7，接近黄金比例，不会有空旷感。

第二节　案例：静西谷民宿的改造策略

在逆城市化的进程中，每个人内心深处都有一份挥之不去的乡土情结，城市的人们渴望回到乡下，体验原生态的乡下生活。民宿在某种意义上就是精神的回归，一个乡村就是一个乡土文化博物馆，一处可以体验的生活场景。静西谷民宿就是在这样的背景下应运而生。坊口村是一个不起眼的小山村，四周群山环抱。静西谷民宿以坊口村为原型，对闲置农宅进行精心改造。

① 王轶楠. 基于村落传统民居保护利用的民宿改造设计策略研究 [D]. 重庆：重庆大学，2017.

静西谷民宿根植于乡村，是为旅游者驻留而设计的文化主题鲜明、功能复合、兼具人文情怀与经营理性的特色住宿产品。静西谷民宿利用周边自然环境和人文风情的独特性，在建筑风格设计、房间装饰装修和风味乡村食品开发方面，保留传统特色，并结合当地的人文和自然景观，充分呈现地域文化的特色。同时，融合现代设计手法，既拥有了民宿的舒适与随意，又不缺乏酒店的细节与品质。

一、静西谷民宿的改造策略一：挖掘地域文化

1. 京西文化

　　坊口村位于河北怀来县、北京门头沟地区、昌平地区的交界处，明长城内侧，因此，坊口村也是明"踞虎关长城村整体博物馆"，因为整个村里的房院都是拆取长城砖石建成，体现了"北方关口文化村"的特征。坊口村地处太行山、燕山山脉地带，海拔1000米，是太行山和燕山的地理地质分界带，造就了坊口村集山地、高原、荒漠综合景观于一体混合的特征。坊口村是"望长城内外"的分界带，是游牧民文化和农耕文化的交融带，因此具有两种文化交融的特征。所以，坊口地区文化、语言、居住、饮食、民俗文化等各个方面受京西地区文化的影响较大（图5-1）。

　　京西地区指北京的西部地区，如石景山区、海淀区、丰台区、门头沟区、房山区等地，京西文化是北方游牧民族文化和农耕文化交汇的产物，是佛教和道教文化交融的结晶，是天主教和民间信仰融汇的结果。从地理位置上，京西地区属于农耕文化区，但因地理位置特殊，靠近农耕文化与游牧文化的交界地带，地处山区，与平原地区的联系较少，区域内文化的发展与形成又受到北方游牧文化的影响。

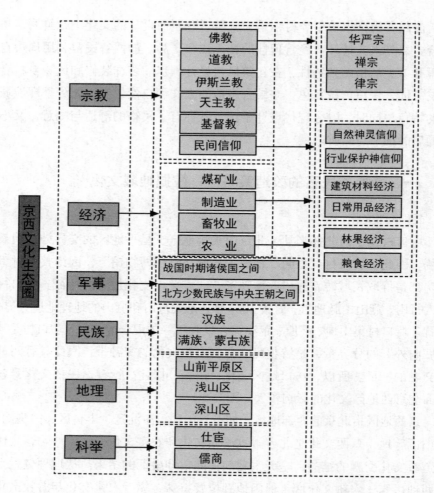

图5-1 京西文化生态圈

可以说，京西地区就是两种文化交融的体现，诸如秧歌戏、蹦蹦戏等民间艺术形式热情淳朴，在题材、唱腔、表演形式中，均融入了游牧文化的豪放与粗犷。因此，静西谷民宿的设计兼有蒙汉两种文化的特点。设计师在对民宿设计前除了对自然环境进行调研，还需要清楚地了解当地历史文化的内涵，将传统文化通过符号的表现形式重新展现，将一些典型文化图案提炼与简化，用新旧文化的对话来突出民宿的时代特性，如静西谷为了体现当地汉蒙交界的文化特点，设计师采用最典型的建筑形式——蒙古包作为设计的主题，进行符号化展示，贴合了怀来的地域文化特点。

2. 建筑文化

坊口村建筑文化受合院式建筑影响深远，建筑格局一般由正房及东西厢房而成，正房多以三开间为主，辅以耳房。静西谷民宿本来就是由当地的老宅子修缮而成，不但保留了原来以合院建筑为基础的格局，还保留了相应的功能分区，保留了堂屋、厢房等布局，中间的庭院种植有花草树木。装修风格与地域文化相协调、相融合，没有突兀的设计装修带来的违和感。坊口村地处山区，昼夜温差极大，古当地人一直保留烧火炕的生活习惯。因此，静西谷不但保留了合院特征，而且还在部分院落保留了火炕的取暖方式。

可见，静西谷民宿的建筑有着明显地域特色的元素，同时和周围整体乡村建筑保持统一的风格。结合坊口当地的建筑风格，采用土木结构、合院特色，使传统的农家老屋（图5-2），变身成一处处既有怀旧老景，又有小资情调，还有时代气息的特色民宿，在布局结构、营造手法方面体现当地建筑特色。在建筑设计中，有意将周边特色的自然景观引入室内，凸显建筑与生态景观的融合，延伸其美学价值。静西谷民宿真正把设计导入乡村，使文化融入乡村，真正体现出设计文化的特色和力量。

图 5-2 坊口建筑

3. 饮食文化

如果说民宿的住宿环境是吸引游客的第一要素，那么，餐饮就是培育顾客满意度、提升二次消费的主要途径。坊口村的饮食与京西山地农村大体一致，也存在一些当地的特色饮食。特色饮食有玉米面凉粉、玉米饼、炸年糕、黏团子、摊花、桃仁粥、杏仁粥、盐卤点豆腐、驴打滚等（如图5-3）。

图5-3 静西谷特色美食

　　静西谷民宿的餐饮烹调方式简便、质朴，保持农家饭菜的原汁原味，选用野生、家养、自种的原料，自然生长，没有污染。餐饮以当地特色为主（图5-4），结合肉类、野菜、杏仁、桃仁、豆腐等，加工制作特色的"坊口农家饭"，并制作风味小吃、主食与点心等。应用本区出产的粗粮、豆制品、核桃、杏扁等打造"特色素食斋"。静西谷的菜式兼有北方地方特色，尽显北方人的豪放大气。当地村民制作豆腐的工艺为传统的盐卤点豆腐，游客可以参与豆腐的制作过程，购买多种豆制品。

图5-4 静西谷餐饮

总之，静西谷民宿充分挖掘当地的历史文化和地域文化，突出体现地域性特征的文化符号，再将这些符号演绎到民宿建筑与景观改造中。静西谷民宿重视村史的发掘，展示、收藏代表坊口村历史和发展的器物，介绍坊口村的发展、历史、遗迹，介绍当地的节庆、婚丧嫁娶、民俗风情；还收藏、摆放着一些代表当地生产生活方式的物品，通过这些物件来传达乡土文化。

二、静西谷民宿的改造策略二：延续传统文脉

从社会发展的角度看，民宿的本质就是乡村旅游的高层次模式，是城市文化对农耕文化的倾向诉求。这是社会发展到一定阶段的必然产物。民宿最直接体现在"民"，引申为"民居、乡土"，静西谷民宿在这方面进行了探索。

1. 延续整体空间肌理和形态（图5-5）

静西谷是依托传统民居建造的民宿，设计和施工需要考虑和整体空间相协调。首先，静西谷民宿散落在坊口村民居中间，怀古轩和咖啡厅、接待室位于村落入口，因此在这些地区更完整地保留了传统特色，维持原有的中心意义和场所精神。其次，民宿建筑形态融入民居聚落建筑群中，和整个村子融为一体，维持原有村落空间的秩序。静西谷民宿改造坚持尊重场地、环境和历史风貌的原则，保证位置、体量、形态不发生大的变化，这是对场地、对村落肌理、对村落整体和区域风貌最大的尊重；静西谷民宿不但保留了原来以合院建筑为基础的格局，保留了传统民居的梁架结构，还保留了相应的功能分区，保留了堂屋、厢房等布局。

图5-5 玲珑居延续传统肌理

静西谷民宿在改造过程中，尽管需要重新加固屋顶、梁柱等承重结构，屋顶要重新铺瓦及防水层，按照现代人的居住习惯来分隔和布置室内空间，但在改造时，尽可能对村落文化、建筑肌理采取尊敬、保护态度，不进行人为的破坏。需要新建的部分，尽可能从本土建筑抽取传统的要素来进行设计，是对传统建筑理念的利用和再生表达。或者，通过一些再利用的材料、物件，如使用老的砖墙建筑来布置客房，尽可能使用当地的工匠技艺来完成，从而保证乡村文脉的延续和传承。

　　2. 建筑材料因地制宜、就地取材（图5-6）

　　静西谷民宿改造中，尤其注意对传统建造技术和材料加以运用，用传统的材料建造或者修缮房屋，可以说，因地制宜、就地取材是静西谷民宿设计的重要特征。传统的建筑材料古朴而又亲切，木材、石材、竹材作为传统建筑的材料代表，不仅代表了当地的乡土气息，与当地的环境融为一体，还可以延续民居的特色风格。因此，在静西谷民宿改造实践中，建筑材料就地取材，通常选用与自然契合度较高的材料，不但在建筑材料肌理和色彩上，尽量使民宿与传统建筑风格更加统一，以保证村落的"原汁原味"为原则。

图5-6 就地取材的竹篱笆、瓦墙（听风楼）

　　就地取材可以大量节约成本，采用当地材料能丰富建筑的情感、美学和材质特征，回收或再生材料的利用，乡土材料的再利用，有助于重现古老的特点和建筑的外观及融合新老结构。在使用新材料对传统民居进行改造时，对其产生的差异化和对比感，则是为了凸显其时间意义，尤其是在使用新旧对比、粗细对比、体量对比、色彩对比等手法上，将对旧的、历史的、传统的因素尊重地表达展现出来。

3. 延续与再现人文景观

挖掘当地的风土人情、民风民俗，延续当地文脉，是静西谷民宿创意设计的灵感源泉。对于静西谷民宿而言，周边丰富的乡村元素值得借鉴，如坊口村的长城、戏台、真武庙、圆井等，都是挖掘村落文化、民俗民风、地方特色的内容。坊口村建筑的真正独特之处，在于深深地融入了长城文化，村落的建筑大部分建于"文化大革命"时期，人们上山拆毁长城，使用长城砖建造房屋。村子里很多屋舍院墙，都是使用山石或长城砖建造、垒砌而成。静西谷在入口的地方，利用乡村散落的明长城砖，专门搭建了一个 1:1 的长城模型（图 5-7），展示长城的制作材料和工艺，成为静西谷民宿的标志性景观，不但体现了坊口村的地域特色，而且传达出静西谷民宿与众不同的特质。

图 5-7　静西谷接待站前的缩微景观长城

综上所述，静西谷民宿的设计初衷就是延续一种传统的生活状态，让游客体会到与都市不同的慢生活，因此在设计时以传统的建筑尺度为本，院落和房间的空间符合传统生活方式。在民宿改造过程中，设计师采用与乡土文化结合的设计，把抽象化的乡土文化特征与现代设施结合，既有反差对比，又有创新传承；建筑材料使用当地的乡土材料，新的建筑与老房的改造自然和谐，宛如天成。就静西谷民宿的改造而言，做到了挖掘地域文化，展现地域文化、历史文脉，形成独一无二的特色，能够让顾客产生场所感和归属感；在设计中融入地域文化，延续传统文脉，不仅丰富乡村旅游的文化内涵，同时丰富游客的认知和体验。静西谷民宿将乡村中最普通而常见的素材，通过创意化的设计与重构，变成乡村中最特别的景观。

第六章　　案例：静西谷民宿改造欣赏

第一节　静西谷民宿的公共空间

为了满足不同顾客的休闲娱乐需求，静西谷还建设有很多的公共配套设施，如接待站、咖啡厅、茶室等休闲空间，供休闲、交流使用；开辟有会议室、水包美术馆、老戏台、文创伴手礼店等。一般安排在村口的焦点位置，作为全村的公共活动空间。

一、前台接待空间

前台接待空间可分为服务空间、客人流动空间和休息空间。前台接待空间需将民宿的主题及风格提炼在主形象上，使游客有耳目一新、印象深刻的视觉感受。一个显眼的、具有当地特色的大门会吸引游客，例如在民宿的入口，布置最具有地域特色的景观；同时，接待大厅会有民宿专用的 Logo，室内会摆放一些有趣的小摆件，达到凸显特色、突出标志、吸引游客的目的。

风格设计应突出所要表达的主题，并通过装饰材料、灯光、饰品、绿植、色彩等使其更加突出，如主打简约风的民宿应空间充足，光线明亮，只摆放几件小物品或者放置各种小众杂志的书柜，简约又不乏质感。在风格基调的把握上，民宿应有自己的主色调，可以根据自身的经营特点和客源需求来确定。作为民宿的门面，表现出明显易辨的特性，让前来的住客一眼就能找到，并且还会起到对外宣传的效果。通过整体形象上的塑造，再加入一些吸引人眼球的标志、符号等加强存在感。在设计时要考虑民宿整体的设计主题，并且和民宿整体形象相统一，使其成为民宿建筑中的一部分。

静西谷的接待站（图 6-1）由接待室、明德讲堂、小会议和 VIP 室、室外剧场几部分组成，汇聚了接待、会客、聊天、休闲等功能，是游客进入民宿的第一站。静西谷民宿接待室（图6-2）是整个方案的亮点，"坊口村静西谷"的牌子赫然入目。就设计风格而言，进入静西谷民宿接待站，整个建筑内部无论是空间结构还是室内陈设，都是极其简洁干净的线条，除了黑白灰，几乎没有其他明显的色调。静西谷民宿大胆尝试采用不加任何装饰的冷灰砖墙，呈现材质的肌理特性，打造一种回归原始的感觉。

图6-1　坊口村静西谷接待站

图6-2　接待室

明德讲堂（会议室）临山多树，清雅宁静。明德讲堂的名字来源于"在明明德，在亲民，在止于至善"（《礼记·大学》），是静西谷立足乡村振兴的内核精神。明德讲堂是原来的牛棚改造而成，背后有深厚的寓意，"文化大革命"期间的知识分子都被打倒，关进了牛棚，而现在变成明德堂（图6-3），暗示传统文化的复兴。讲堂红砖素壁，窗明几净，粗犷的石砌外墙上，对比出木质"静西谷"Logo的精致与细腻。

图6-3　会议室的明德堂牌匾

讲堂周围都是山、树，需要明亮的光线，于是做成玻璃顶，上边放上瓦片，夏天光线透过来，室内光斑陆离，光影交错。冬天可以把瓦片取下来，让光线完全透进来。透过天窗，可以看到对面的仙桃山，所以称为"凌壁思广"（图6-4）。讲堂旁边的VIP室名"师憩轩"，是老师休息的地方，所以椅子都是方正的，而不是休闲椅。可见，一桌一椅背后都蕴含着设计师的哲学观和价值观。

图6-4　会议室

　　入口的外形塑造要引人注目，与环境有所区别，又和整体环境相得益彰，在形式上遵循尊重地域文化，借鉴当地建筑形式符号，在材料材质选择上尽量就近取材，凸显当地特色。所以静西谷的接待站门前广场上，利用乡村散落的明长城砖，搭建1:1比例的长城模型，展示长城的制作材料和工艺，成为标志性景观，体现了坊口村独特的地域文化。同时，广场上还设有各种娱乐设施，如秋千（图6-5）、沙坑，还可以提供室外戏剧演艺活动。

图6-5　广场上的秋千

二、休闲交流空间

民宿中的休闲娱乐活动有喝茶、聊天、打牌、看书、小手工或者体验茶艺、陶艺等，目的就是放松身心，体验生活。在功能组织上富有多样性，有效合理地利用空间满足住客的多元化需求。同时在空间上要布局灵活，可以利用室内空间如打牌、看书等，还有的休闲活动可以对交通空间、过渡空间加以利用。民宿的休闲娱乐空间是对外开放的公共空间，这些空间的设计讲究适宜的尺度和悠闲、温馨的氛围，泡一壶茶，谈天说地，能够拉近人与人之间的距离。而在这些消除距离感、产生亲近感的空间中，合适的尺度和温馨的感受无疑是最好的催化剂。

西店咖啡位于村口，门前有两棵高大的柳树，"西店咖啡图书"浑厚的隶书标牌赫然于壁。"西店"曾是坊口村长城古道上的老店旧址，是村里的公共交流场所之一。西店咖啡厅的原址是一个村民家的四合院，只租下一半，并扩建咖啡厅。咖啡厅是向西扩三四米形成的，完全是新加建的，专门采用西式风格，以符合咖啡等西方文化的特点，同时和茶室形成鲜明对比，于是乡村图书与都市咖啡混搭，咖啡厅和茶室形成新式和传统的对话、东方和西方的对比。室内的屋顶是大玻璃，整个空间宽敞明亮（图6-6，6-7）。

图6-6　咖啡店外景

图6-7 咖啡店内景

　　咖啡店里还有一个小茶室（图6-8）。茶舍集南北名茶，是品茗清谈处。茶舍内部是黑木土墙，是乡土朴拙的美学。外部有直通房顶的露台，高高的露台在村口柳树的树荫遮蔽下，站在露台上，登高远望，可以一览村貌。

图6-8 茶室

三、文化娱乐设施

1. 老戏台

　　坊口村里有一座老戏台（图6-9），年深日久，逐渐废弃，据说，这里起码30年没有演出过。然而老戏台经过修旧如旧的改造，又重新被利用起来。传统的庑殿屋顶，蓝瓦飞檐，方方正正的建筑，红红的台柱子；整个建筑尺度不大，既可满足演出的需求，又显得比较亲和；舞台高度几乎和地面齐平，显示出亲和的一面。老戏台可用于舞台表演和播放露天电影，可容纳100人左右。在2019年中秋佳节到来之际，在这历史遗留下来的戏台上，坊口村的第一届"乡村电影节"开幕了，老戏台终于又热闹起来了。

图6-9　老戏台

2. 水包美术馆（图6-10）

水包美术馆前身是用于储水的"大水包"，始建于20世纪70年代初，周身系用600年的长城砖砌成。水包北边有口古井，村民将水汲取上来存储，供给全村用水。20世纪80年代初，古井枯竭，大水包弃用。荒废多年后，村民将水包原水龙头的位置凿开成门，储存杂物。

2019年，"凡悲鲁"与"静西谷"共同提出了"用艺术振兴乡村"的理念，遂将"大水包"改造成为美术馆。水包美术馆既保留了原有的造型结构，顶部采用自然光，节能环保，又用于定期展陈、拍卖艺术家以"坊口"为母题的艺术作品。

水包美术馆是世界上最小的美术馆，仅有22平方米，落成于2019年10月20日。水包美术馆拍卖所得款项，将部分用作公益，支持坊口"晚春老人公益食堂"的再建设。

图6-10 水包美术馆

第二节　静西谷民宿的庭院设计

在民宿中，庭院空间的使用率是最高的，往往是其精心打造的最为精华的部分。庭院空间是建筑物或建筑物与围墙围合的室外空间，可以分为公共性、半公共性和私密性等不同领域。在民宿的空间设计上需要体现交流性，同时注重开放性。庭院空间由景观小品、室外铺地、空间隔断、绿植等元素构成，通过改造将各种空间要素有机协调地组织在一起，创造出有休闲娱乐功能的户外环境。庭院中的隔断、围护结构也很重要，利用隔断不仅可以保护院子，还可以划分空间，保证其院子的私密性。

庭院体现了民宿主人的格调和品位，一草一木都是精心打理出来的，既可以布置廊架、打造水景、种植花草，还可以安排娱乐休闲设施。人造景观可以弥补庭院中自然景观的不足，使整个庭院看来不单调，有层次，能够增添庭院的趣味；植物的搭配和区域划分、水景的运用，给庭院增添一抹亮色，庭院中开放式、半开放式的空间与建筑巧妙过渡，空间划分灵活多变，使庭院变得生动有趣，留给游客驻足、欣赏、休息、娱乐等。

现代社会的人们在压力超载的状态中忙碌，每个人的内心都藏着一份对慢生活、绿色生活的渴望……德里希·荷尔德林（Derry Holderlin）说：世界充满劳绩，人却诗意地栖居于大地之上。然而诗意难寻，生活永远在别处；而静西谷正是这样具有哲学意义的"别处"，静西谷的院子已不仅仅是单纯用于居住的庭院，而是安放心灵的空间，是梦寐以求的理想国。

静西谷的院子里，藏着栖居的精神追求。客人早起临窗，就能听见啾啾鸟鸣，推门就看到满眼青山翠柏，还可以去田里采摘，可以去攀爬长城，体验原汁原味的边关文化。

静西谷现有怀古轩、卧云居、听风楼、抱竹轩、蕴红轩、北影轩、玲珑居、青舍和蒙古驿站。

一、怀古轩

1. 怀古轩（图6-11，6-12，6-13）的由来

因为这个院子建于20世纪60年代，当时正值"破四旧"，于是人们拆取明长城上的砖石，作为修建院子的材料。所以怀古轩的历史，不能单纯从修建的时间算，采用有600年悠久历史的"长城砖石"奠基建造的，其历史性的价值不言而喻，而长城文化的基因就融汇在建筑的骨子里。

门前有一个台阶，登台入院，U型格局的院落就呈现眼前。长城砖就铺垫在脚底，历史感油然而生。可以说，居住在怀古轩，就是与历史共存在，和长城同晨夕，从而可以参透历史兴亡，看淡人间世事……世间繁华，不过是过眼云烟，只有时空永存。

图6-11 院子入口郁郁葱葱的绿植

图6-12 合院特色的怀古轩

图6-13 怀古轩平面图

2. 怀古轩的诗情画意

院子是中国住宅文化的基础。在中国传统居住文化格局中，无论高官府邸，还是巨贾之居，乃至乡间小院，都有院子。四合院是四面房子围合起来形成的内院式住宅，是中国人世代居住的主要建筑形式，是中国传统居住建筑的典范。

怀古轩就是典型的中式合院，闭合的院落，不失传统韵味，既保证了私密性，又能亲近自然，远眺观山。院子坐北朝南，光照充足，避风朝阳，花卉盛开，树荫阴凉……在院子里，早晨醒来，可以听到鸟唱，晚上在虫鸣中睡去，享受一份从容与优雅（图6-14）。

四方围合的庭院，既能隔开尘嚣，享受乡村的静谧，又含蓄私密，可以享受家庭天伦之乐和朋友聚会的清雅。院内布局精妙，空间多变，移步换景，营造出最适合中国人居住的生活方式。"怀古轩"正对村口，背倚群山，石头砌的围墙使它不动声色地融入整个村庄。

图6-14　夜色中的怀古轩

3. 怀古轩的使用功能

怀古轩共有一座上房、两座厢房，上房是两个卧室、一个客厅和小书房，东厢房是餐厅，西厢房是卧室。下边虽然没有倒座儿，但确是典型的四方围合的院落空间。作为接待客户的空间，怀古轩共有3间大床房（都带有独立的卫浴），可容纳3个自然家庭居住（9~12人），玻璃连廊连接着3间卧室和开放式自助餐厅。

公共空间有多功能客厅、小型会议室（4~6人）、自助餐厅，室外有茶室（图6-15）、烧烤处和眺望平台，都是专门为朋友聚会、开party专门设计的。中间的房屋被处理成一个弹性使用的多功能空间，既可以与前面餐厅合并共同使用，也可以与后面客房区合并作为休息区。院子里还有儿童活动的设施（图6-16），如沙坑和滑梯、木秋千。如果有婴儿，餐厅还备有儿童椅，就餐的时候，可以把孩子放置儿童椅中。

图6-15 半开放的日式茶室   图6-16 儿童的乐园——露台、滑梯和沙坑

二、卧云居

1. 卧云居的来历

卧云居（图6-17，6-18，6-19）依山而建，不是四合院式的围合空间，建筑呈 L 型布局，所以整个院子空间比较大。由于院子院墙很矮，只有三四十厘米高，不会遮挡视线，既保持院子的私密性和独立性，又显得视野开阔，风云纵览，真正实现了院内院外融为一体。站在院内，可以远眺青山白云，宁静清远，使人流连忘返，故云"卧云居"。

卧云居地势较高，于是拆了南墙，视野变得开阔。采用了借景、对景的设计手法，站在院内，就可以远观苍翠的松柏，也可以近看邻家的袅袅炊烟；而且四时风景不同：春季有深浅桃花，粉嫩装点庭院；夏季纳凉消暑，有阵阵清风陪伴；秋季观郁郁群山，层林尽染；冬季观层峦苍苍，皑皑白雪。

图6-17 卧云居入口   图6-18 夏季的卧云居，院子里绿色盎然

6-19 卧云居平面图

2. 卧云居的文人气息

卧云居的院子只有上房和左厢房，所以院子中间就有很大的空间，可以用来绿化，同时可以设计更多的休闲空间。院子中间一个半开放的方亭，富有诗意的圆形月亮门，简直是神来之笔（图6-20），让整个方亭显得文人气十足，使整个院落空间立刻生动起来。

卧云居不但设计有巧思，而且善于借景，所以在卧云居，可以观三景：院子东边山麓有500年的巨松，依依相望（图6-21），聆听松涛阵阵，可以想象凛凛君子之德行；院子南边有邻家的百年核桃树，展望核桃树之风姿，可以想象君子和合之美德。最难得的是，二景相交于方亭，而观赏的人在方亭中，真正体现了天地人会于一亭。

图6-20 卧云居的神来之笔——方亭和月亮门

图6-21 站在院子里平视，可以看到东边山上凛凛的古松

3. 卧云居的使用功能

卧云居设置有厨房、餐厅、卧室（图6-22）、会客室（6-23），功能齐全，而且厨房、餐厅等在厢房，不会对客人的活动产生影响。卧室二间半，配有两个独立的卫生间，适合两个家庭5~7人使用，其中一间冬天可以体验原生态的北方火炕；另有一间客厅，可以会客、聚谈，也可容纳6~8人举行小型会议。另有自助厨房和餐厅（图6-24），可容纳10人左右聚餐。

卧云居室外有凉亭、烧烤台和观景台，既可聚餐，也可举办小型party。院内还有儿童设施（图6-25），如秋千、沙坑，还有露台。夏天可以搭帐篷，睡在室外，体验不一样的感觉。夏季院内种有各种蔬菜，可以采摘豆角、生菜等。

图6-22 舒适宽敞的卧室

图6-23 雅致、清幽的客厅

图6-24　淡雅、舒适的就餐环境

图6-25　院子里有足够宽敞的空间供孩子玩耍

三、听风楼

静西谷最出格的院子就是听风楼，名为院落，实则没有院子，但却是最能体现设计感的，让人过目不忘。

1. 听风楼的来历

听风楼，顾名思义，房子是建在半山坡，位于村东坡的高台上，隐匿在密林中，是迎风朝阳的清凉之所（图6-26）。一条蜿蜒的石径直通密林深处的听风楼，显得更加幽静，听风楼真正体现了和流水山庄一样的设计理念：建筑融于自然，与自然共存，仿佛建筑就是从自然中生长出来的。

图6-26 听风楼入口，建筑被浓荫遮盖

听风楼依山坡地势而建，名为院落，其实没有院，而是以密林荫荫为屏障，以群山为院墙（图6-27）。房间立面设计了大面积的落地玻璃，并将客房内看书、座谈等相对公共的功能区布置在窗边。室内正对着山峦，站在室内，透过玻璃墙，就可以看到对面连绵的群山。大面积的透明玻璃让住客坐在室内就能一览无余远山之景，在室内就可以体验四季不同的特点：春山如笑，夏山如滴，秋山如妆，冬山如睡。

图6-27 听风楼入口的红台——在这里可以边就餐，边眺望群山

2. 半山竹亭（图6-28）

要上到听风楼有两条路，其中一条完全是石板砌成的山路，向上蜿蜒而去，爬到半道，会有点累，所以在这里建个亭子，取名"半山竹亭"。半山竹亭是上山必经之路，由竹子搭建而成，是半山的观景平台，更富有诗意的情调。站在竹亭，眼前青山如黛，远眺连绵的群山，与自然对话，会突发陶渊明"归去来兮"之慨。在这里打坐、弹琴、练瑜伽，估计最能体会古人的心意，完全体会中国追求天人合一的哲学思想。

图6-28　山路和半山腰的半山竹亭，由竹子搭建

而从半山竹亭的主路又出一条分支，就能到达听风楼。设计时为了保持听风楼的私密性和趣味性，顾客需要自行寻找进入空间的方式，而这个寻找过程使空间体验充满了趣味性。站在村子里，从远处看听风楼，完全被浓密的树荫包围着，勉强能看到一点儿轮廓。即便走近也不能看清全貌，而是要变换不同的角度，才能真正体验听风楼多变的空间。站在半山竹亭，可以远眺山谷的景色。

听风楼分为两层，上层有榻榻米和一个卧室，下层又是一个更大的卧室。由于完全是玻璃房，晚上温暖的灯光从房间投射出去，远远看去，仿佛是一座宫殿，所以夜晚的听风楼最为壮观（图6-29，6-30）。

图6-29 被夜幕笼罩的听风楼

图6-30 晚上的听风楼入口

3. 听风楼的特点

听风楼由于地势高，此处观景视野最为开阔，所以也是静西谷最具特色的体验建筑之一。夏天的听风楼，所有的房间都被浓荫包围着，从远处看，几乎看不到房子的全貌（图 6-31）；而冬天的听风楼则显得枯寂而深沉，树木的苍黄与地板、竹顶的颜色浑然一体。

住在听风楼，卧室（图 6-32, 6-33）完全被绿色包围着，浓得化也化不开，你才体会到，原来我们可以离自然这样近，可以体会古人与自然对话是一种什么状态。只有住在听风楼，你才明白古人为什么能写出"我见青山多妩媚，料青山见我应如是"（辛弃疾《贺新郎》）的诗句，原来写作并不需要文人的煽情，只不过是一种自然而然的真情流露。

图6-31 夏天的空中林荫长廊，由于地势高，观景视野最为开阔

图6-32 夏天的听风楼，卧室完全被绿色包围着

图6-33 楼上卧室的一角

4. 听风楼的使用功能

听风楼夏天完全被浓荫包围，所以虽然三面是玻璃，但其实很私密。住在听风楼，你尽可以敞开胸怀，融入大自然的怀抱。在这里，从不同的角度看，就是不同的景色，真正是移步换景，到处是对景，到处可以借景。

住在听风楼，可以说是一种完全不同的体验，尤其是晚上，整个世界都是宁静的，让人忘却了尘世喧嚣；清晨从鸟鸣声中醒来，感觉青山都带着笑颜，迎候你的到来（图6-34，6-35，6-36）。

图6-34 听风楼的榻榻米，米色系的榻榻米和墙壁、屋顶浑然一体

图6-35 沿着台阶下来，是听风楼下边的卧室

图6-36 楼下的卧室呈长条形，除了一个方形的卧室，

还有一个长条形的空间，可以作为起居空间

四、抱竹轩

1. 临竹而居的诗意

抱竹轩（图6-37，6-38，6-39，6-40），顾名思义，院子里种有竹子。一直以来，中国人对居住环境都有相当高雅的品位，宋代苏轼《于潜僧绿筠轩》中有："宁可食无肉，不可居无竹。无肉令人瘦，无竹令人俗。人瘦尚可肥，士俗不可医。"

于潜是旧县名，在今浙江临安境内。于潜僧，名孜，字慧觉，在于潜县南1公里的丰国乡寂照寺出家。寺内有绿筠轩，以竹点缀环境，苏轼觉得十分幽雅，所以发出"宁可食无肉，不可居无竹"的感慨，因为"无肉令人瘦，无竹令人俗。人瘦尚可肥，士俗不可医"。这首诗富于哲理，写出了物质与精神、美德与美食的比较价值。可见，一个人，最重要的是思想品格和精神境界。

图6-37 抱竹轩的入口

图6-38 抱竹轩栽种的竹子

图6-39 抱竹轩立面图

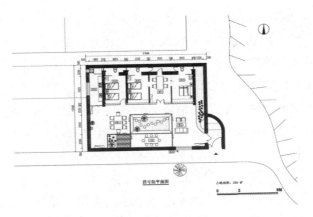

6-40　抱竹轩平面图

2. 抱竹轩的院落特点

抱竹轩也是由老房子改造的，后边有一个台地，于是扩出去，扩建出卫生间的空间。抱竹轩借鉴南方庭院格局，把天井作为核心空间，并且外墙和屋顶设置挑檐，屋檐出挑，将雨水汇集宅内。院子采用天井式，也是静西谷最具特色的院子之一。

这个院子有以下几个特点：

保留了老院子所有的树木，并在室内栽种竹子，室内与自然融通；

保留了老院子的土墙、老红砖墙等，传统居室氛围浓厚；

居室的窗户都是日式的纸窗，可以支起来通风透气（图6-41）；

把北方的院子变成南方的天井，环廊空间实现了多功能使用。

图6-41 抱竹轩日式的窗户可以支起来通风透气

3. 抱竹轩的使用功能

的确，"宁可食无肉，不可居无竹"。但竹子南方多见，是中国人的精神象征，于是"临竹而居"就成为大多数中国北方人可望而不可即的梦想和向往。然而来到静西谷，住在抱竹轩，作为北方人的您，一样可以实现诗意的愿望，满足文学的想象。

抱竹轩院子建筑面积为236平方米。有三间卧室，可以接待6个成人居住，每个卧室有独立的卫生间。房间铺陈简约古朴，所用多为原生态的材质和简单的色彩，与墨色山水般的周遭文脉全然糅融（图6-42，6-43，6-44）。室外有小庭院、小展厅，还有独立的自助厨房和餐厅，可容纳20人聚会。最不可思议的是，院内还设有专门的吸烟室，内有大树。

抱竹轩的陈设充满了禅意，无论是配色、家具，甚至一束花，都带着质朴却精致的味道。而懂禅的人，又大多爱茶，所以院子里设有专门的茶室和一套专业茶具。还有大大小小的空间，每一处，都是修行的道场。

图6-42 在院内搭建的凉棚下就餐

图6-43 露天的茶室古色古香，茶具彰显出浓浓的文人气息

图6-44 卧室也是独具特色，布置别出心裁

五、蕴红轩

1. 蕴红轩的特色

蕴红轩（图 6-45，6-46，6-47）位于村北头，是北京电影学院的摄影基地。"古老的小村，就地取材的文化创意、特色餐厅、时尚的咖啡馆和简陋的小卖部并存，成为一道独特的风景。"

院落被树林环绕，清幽静谧，入口看似毫不起眼，但进入院子却别有一番天地。红砖砌墙，犹如红房子。红砖错落，井然有致，肌理富有特色，因此取名"蕴红轩"。

蕴红轩仅有上房、加建的餐厅、厨房和卫生间，院落空间难得的敞亮。静坐院中，阳光铺洒周身，可以神游四方；保留老房子门框，现代与传统交错，时光仿佛倒流，不知身在何方。

图6-45 蕴红轩入口

图6-46 蕴红轩院景　　　　　　　　　图6-47 蕴红轩夜景

2. 蕴红轩的使用功能（图6-48，6-49，6-50）

房子后边的果园，必须把室外的景观引入室内，才能不辜负这美好的景色。餐厅为后来加建，设计最大的亮点是三面采用落地大玻璃窗，从餐厅可以看到室外的树林，周围的翠绿色透窗而入，鸟叫声不绝于耳，成为最美的风景。

蕴红轩有三间卧室，两间卫浴，现代而简洁，舒适的布草、温馨的灯光、理想的乡居生活由此开启，再加上配套的厨房，恐怕会让您乐不思蜀。

图6-48 蕴红轩的餐厅　　　　　　　图6-49 蕴红轩的卫生间

图6-50　蕴红轩的卧室

六、北影轩

1. 北影轩的特色

北影轩位于村北最高处，是北京电影学院的影视基地，兼有乡村电影档案馆的功能。

由于依山势而建，北影轩的院落在卧云居之上，由于地势高，站在房顶露台，坊口村景尽收眼底（图 6-51，6-52，6-53）。

站在院子里，也可以看到对面山坡的 300 年古松。院内用木地板营建了一个露天茶座，盛夏的夜晚，在树下三五好友小聚，惬意而自得。院中有楼梯，可通房顶露台。

图6-51　北影轩的入口　　　　　　　　图6-52　北影轩的位置

图6-53 北影轩院内的露天茶座

2. 北影轩的使用功能（图 6-54，6-55，6-56）

北影轩共有四间卧室，两处大床，两处标间，三间卫浴，可居住六人。厨房、餐厅一应俱全，生活设施齐全。

各个房间互通，空间设计出人意料，处处有惊喜，细节见功夫。还有一个美术馆、客厅，一个艺术影墙，欢愉间，生活就是艺术，艺术的生活在这里完美实现。

图6-54 北影轩的卧室

图6-55 北影轩的卧室和艺术影墙

图6-56 北影轩的餐厅

七、玲珑居

1. 玲珑居的特色

玲珑居（图6-57，6-58）就掩映在各种花草树木丛中，在周围各种高大树木的遮蔽下，夏日一定会是阴凉而舒爽，空气清新而新鲜。

民宿虽小，但却是一个独立的院子，荆条制作而成的篱笆，围成了一个独立的小院。进入院子，方得一窥玲珑居的真容，石头砌成的围墙尽显艺术气息。

图6-57 玲珑居入口

图6-58 玲珑居外景

2. 玲珑居的美学特色

陆九渊讲"吾心即宇宙，宇宙即吾心"；禅宗讲"心无所碍、本无一物""心有为无、自性本空"。设计师将这一理念完全落实到玲珑居的设计中。

玲珑居是麻雀虽小，五脏俱全的最好诠释，房间虽小，但里面的配套设施齐全，功能一样也不少。9平方米的屋内有一张床、一书桌、一衣柜、一茶塌、一卫浴、一露台、一庭园、一宇宙。（图6-59）

玲珑居的设计利用自然的光影变化、颜色材质的对比冲突，在细节中传递出本真的美学标准。

图6-59 玲珑居的室内布置

八、青舍

由于组织来静西谷的高校学生较多，因此静西谷还打造了青年旅舍（简称青舍），给院校和机构的学生团体、背包客提供了性价比更好的选择。

青舍（图6-60）是一个单独的院子，主要是模仿青年旅社的模式，为单身旅客或者写生学生提供方便、价廉而物美的住宿服务。

图6-60 青舍院落

静西谷的青舍（图6-61）两个人一间，室内是木制的上下铺高低床，洁净的床单，干净的被褥，整个房间看上去，干净整洁，让人一看就喜欢上了。

房间虽简单，但不简陋，室内设施如桌椅、灯具、茶杯、卫生间、洗浴用品一应俱全，生活方便。

图6-61 静西谷青舍

九、蒙古驿站

蒙古驿站（图6-62，6-63）位于半山腰，模仿马背民族的特色，享受山林之乐；蒙古包完全是按照蒙古族的居住传统，并且提供蒙古族美食，让你恍然有一种到了关外的错觉。但进入室内，却发现现代陈设一应俱全，墙面的装饰用粗的绳索层层密密编织，具有很强的装饰性效果，绳索很粗，所以显得粗犷豪放，符合蒙古族的特点，又很现代。

图6-62 蒙古驿站

图6-63 蒙古驿站室内

　　静西谷民宿设计功能齐全，满足不同用户需求，院子加室内公共艺术空间，可以晒太阳、烧烤聚餐，也可以在室内进行手作，配套有茶室、画室、休闲吧和自助厨房，到这里的朋友是以交流为主，而不是单纯的住宿。由此可见，作为一家集餐饮、住宿、休闲、旅游于一体的文化项目，静西谷以文化为品牌，采取住宿、餐饮、娱乐相结合的文化产业模式。

第三节　民宿的氛围营造

　　民宿的整体氛围对民宿的整体设计而言，有着极其重要的意义。民宿的氛围营造应当通过各种主题的构建，以及项目地独特的民俗文化进行体验，让游客在民宿的温馨氛围当中感受到独有的乡村特色。游客通过民宿感受当地餐饮、风俗上的独有文化，能够更加深入地了解其本土生活和文化，产生一种文化的认同感，增加游客对家的这一概念的理解。除特色的文化氛围构建以外，属于乡村的自然、淳朴等氛围的营造也是十分关键，在进行民宿构建的同时，应当注意保留其原生态的自然内容，从而营造出独有的民宿氛围。室内空间氛围的形成是室内环境设计的表达，室内环境设计是民宿建筑改造中最为重点表达的一部分，只有真正在室内空间营造出既符合现代人对于舒适、审美的需求，又符合民宿理念的内涵，使旧建筑真正再生，才是对建筑空间的完美诠释。

　　民宿氛围的营造主要有以下几种手段。

一、光影运用

路易斯·康（Louis Kahn）曾说："光，为空间神奇的创造者。"所以在民宿中把握光环境的营造，可以将地域文化氛围传递到整个空间，增加对顾客的吸引力。首先从自然光源来看，太阳的日出日落和四季变更而产生变幻无穷的光影效果，是人工照明所无法比拟的。自然光一直受到设计师的高度重视，一方面，是因为不消耗能源，具有绿色环保的特性；另一方面，是具有不确定性，同一个角落在不同时间段所受到的照明程度和亮度，产生的效果往往不同。

根据地域自然气候的不同，民宿在设计中应通过适当的手法提高建筑的采光、通风等性能，进而在低碳环保的理念下，提高民宿整体的舒适性，如在静西谷民宿改造中，原有北方民居的年代较为久远，建筑开窗面积较小，室内光环境较差。为了改善室内采光环境，设计师通过对北方日照角度的了解，加建时增加屋顶天窗和增大侧窗面积，改善室内光环境与空间品质的同时，将室外葱郁的树下景观引入室内，视觉效果极佳。

光的运用是室内外设计中的动态手法，民宿中自然光的运用无处不在。设计师可以借助建筑的装饰与造型产生不同的光影效果，以及不同时期的自然光照角度塑造出光的明暗交替，以引导人们自然地由暗处走向亮处，到达建筑平面中重要的地方。在民宿项目中，除运用大面积玻璃面来增大室内采光外，也借鉴了安藤忠雄对光影的设计手法，在大堂、入口的屋顶采用的格栅，可以使得光线直接从格栅穿过，进入大堂、入口空间，而格栅的形状在整个内部空间中，光影关系随着阳光的变化而变化，形成一个动态的景致。此外，在客房中采用了传统的门窗形式，光线透过窗格，给人以幽静、安详的气息。

光影变化的设计最能启发人们的想象力，并扩大空间的深度，因此设计师通常通过聚焦光线的方式来达到突出某一重点区域的目的，例如：可以把入口、楼梯、过道布置得特别明亮，使其他地方较暗，以增加视觉对比；而餐厅的公共活动区需要充足的光线营造热闹的氛围，因此可以采用在屋顶开天窗，或者整个餐厅以钢结构做框架，墙面设计成整面通透的落地窗，把院外的美景引入餐厅内。也可以反其道而行之，通过降低整体的照明度，来体现某些在平时不被人们注意的细节。

静西谷民宿怀古轩正房的玻璃连廊（图6-64），作为正房外面的灰空间，增加了空间的丰富性。而顶部格栅状的顶棚（图6-65），更是把光影作为塑造空间的元素，增加了空间的生动性。阳光明媚的日子里，院子则成为光和影嬉戏的空间。

图6-64　怀古轩正房的玻璃连廊

图6-65　怀古轩整洁、温馨、充满艺术气息的餐厅

二、空间体验

民宿建筑应该不单单是满足居住的机器，而是带有感情的，建筑的色彩、肌理和光影等，能够给游客带来直接感官上的体验，通过这种体验游客可直接获得美的感受；建筑空间的划分和组合、物体与物体之间的距离，构成了建筑的空间体验，游客可以通过这种体验感受到建筑空间中的乐趣，是一种

从身体到心理的体验过程；除此之外，还有游客的行为产生的时间体验。

这里重点讲空间体验。不同的比例和体量，给人的心理感受会大大不同。体量是内部空间的反映，空间体量大小依据功能要求而定。在民宿的设计改造中，建筑的体量应该与当地其他的建筑和环境相融合，尺度适宜，比例和谐；而在民宿内部空间中，需要创造宁静、亲切的环境氛围，因而房间大小需要尺度宜人。民宿的空间组织大致可以分为两类：一类是单栋建筑，内部空间的组织布局一般设置趣味性强，导向感单一，空间氛围靠细节来提升；另一类是多栋建筑，这类设计重点放在全体建筑的组织上，要求路线合理，方向感强，趣味性强，不单调，路径设置变化多端。

在多空间的组合中，应该注重空间之间的渗透，增加空间的层次感，注重空间的引导性和暗示，注重序列和节奏。民宿的功能流线相对简单，功能组织没有其他类型建筑复杂。在多空间的衔接和过渡上，单体应选择功能性公共空间来完成过渡，而对于多体量空间的，可考虑设计室内与室外之间的过渡灰空间，其次就是考虑室外空间如何与自然环境相融合，如路径的设置。

这个最有设计感的空间——把室内的墙和外边的连廊打通，制造出一个令人惊喜的过渡空间，从而使阳光能够从顶棚透射而入（图6-66），在床上就可以感受阳光的抚慰。独具匠心的设计，使室内和自然有了衔接，强调了居住空间和自然的联系。具有独立的卫浴、独立的洗手池，精致的装修，温暖的灯光，宜人的布草……有点像快捷酒店，但特有的用心、格调的打造、氛围的经营，又不输豪华酒店。

图6-66 怀古轩东卧室一角

从怀古轩西厢房的卧室往外看（图6-67），透明的玻璃窗就像取景器，院子里的景色一览无余……

图6-67　怀古轩的景观

路径的设置是整个民宿的吸引点。路径的设置即空间序列，也就是建筑、空间与空间的排列方式，排列方式不同带给人的体验也大不相同，由此给体验者带来不同的场所体验和传达不同的精神。民宿的路径设置，应让整个空间充满探险的趣味。路径上的节点布置是设计的亮点，一般在公共建筑中出现较多，而且作用更明显。然而对于民宿这种小体量的建筑，某个细节和某一场景也可作为参观体验路上的节点，关键在于体验者能驻足并近距离地观察和体验。

三、材料语言

不同的材料材质会引起人们的联想并达到不同的感知效果。选择材料的时候需要将材料的特性与民宿的使用功能、审美功能的基本特点紧密结合，选材包括建筑外立面、墙面、吊顶等。

不同的材料加工方法可以达到不同的肌理和质感效果。玻璃视觉上反射性能强，具有透明性质；金属可以通过电镀、扭曲、打磨等手法得到丰富的色彩和肌理，通过锈蚀等处理能使金属材料获得历史感；木材无论是从色泽上还是从手感上具有温暖的性能，特殊的纹路不用做过多处理；石材通常给人冰冷厚重的感觉，可以通过打磨、切割、腐蚀、雕刻等方法制造纹路，并用不同的组合方法达到想要的装修装饰效果；砖块不同的颜色给人的感觉不同，不同的砌筑方法加上抹灰，可以制作出不同的效果；混凝土依照不同的制作工艺，可以带给人不同的感觉，如抛光水泥可以带给人冰冷、冷漠的感觉。除了以上的常见材料，还有其他当地材料的利用，如旧瓦的使用在保护环境节省材料的同时，制造出古旧的效果，而竹子除以上的用途外，其可编织的性能产生不同的肌理效果。

随着国民经济的发展，城乡建设速度加快，对建筑的安全性和环保性要求越来越高，传统的建筑材料难以满足现代建筑的需求，因此在民宿改造中，加入现代建筑材料和技术理念，势在必行。现代建筑材料中常用的有玻璃、钢结构、铝板、石材等，这些都可以有不同的装饰效果。玻璃具有较高的硬度、隔风透光、密封性强的特性，作为透光材料中最好，也是在建筑装饰中使用较为广泛的材料；钢材具有强度高、变形能力强的特性，用于建造大跨度和超高的建筑物，能很好地承受荷载，钢结构的低碳、节能环保特性，使建筑拆除几乎不会产生建筑垃圾，并且可以回收再利用；石材具有天然质感和较高的硬度、耐火性、耐冻性、耐久性和抗压强度，同时有很好的装饰性和耐磨性，常用于广场地坪、路面、庭院景观小路的铺设。

材料上优先选择本土资源作为建设材料，不仅可以节约材料和运输成本，对生态环境的破坏也可以降到最低，并且便于民宿后期的维修中循环使用。传统的乡土材料代表了地域文化的特质，所散发出的气息和当地最吻合，具有情感层面的共同认知。改造中一般对传统民居的建筑主体给予保留，一些墙体、地面部分仍保留，如夯土墙、木板墙等，然后通过新材料的运用，形成传统的新旧对比，通过制造材质、肌理、质感的反差（表6-1），来形成较为精致的空间效果。室内立面采用不同的新旧材料，不同部分采用新旧不同材料处理，还可以通过一些线性和构成的搭配，形成新颖的视觉效果。

表6-1　不同材质的质感及特点

材质	图片	质感	特点
砖		细腻、温暖、质朴、亲近之感	砌筑模式多样、表现形式丰富
石		朴拙、稳重的韵味	协调性、适用性强
瓦		黏土烧成，质感较为粗糙，有着质朴的韵味	用处较多，组合多种多样，艺术感强
木		色彩丰富、质地多样、纹理多变	木材由植物而来，因而具有自然属性
竹		自然韵律、竖直细腻、优美流畅、古朴沉稳、清新淡雅	强度高、密度小、质量轻、生长快、可再生
土		温暖、自然、粗糙、纹理多变、沉稳质朴	结实稳固、密度大、缝隙少、保温隔热性能好、成本低廉

　　质感是人对于物体因为物理性能而影响的表面接触的感官感受。质感会因为肌理、色彩、形状、光线、比例等因素而影响，质感通过视觉和触感触发其他的感觉，通常会产生平滑粗糙、光亮程度、软硬与否等的感觉。在建筑中通过材料质感对比达到需要的视觉效果。肌理就像建筑的"皮肤"，是建筑表面材料的细节特征和纹理，材料的颗粒或者纤维的不同性质和组合方式是产生肌理的微观因素。因此，根据更新改造和新建的建筑用途不同，选择的材料肌理也应有所不同（图6-68）。

　　肌理的材料的组合也会产生意想不到的效果。就地取材，一方面

图6-68　蕴红轩院景

经济节约，另一方面能够充分体现地方特色，采用民宿所在地盛产的材料，所改建民宿便与周边建筑相得益彰，与周边环境相互融合。通常选用一些常见的材料，如砖、瓦、木、石、水泥，还有一些原始的自然材料，如竹子、稻草、芦苇等。除材料本身的肌理以外，新旧材质也可通过不同的排布、组合方式形成新的肌理效果，继而营造出现代和传统的对比，形成丰富的视觉、触觉体验（表6-2）。

表6-2 传统材料与附加材料

建筑部位	乡村传统建筑中采用的材料	改造过程中附加的材料
地面	石头、石子、草皮、土	瓦、木
墙面	夯土、石头、木、砖	瓦、竹
建筑结构	木、石	竹
屋面材料	瓦、茅草	竹
围护隔断	竹、木材、砖、石	瓦

四、色彩设计

设计对色彩的要求十分讲究，色彩是充满情感要素的设计要素，搭配合理的色彩会给人一种舒适感。民宿的色彩设计根据不同的空间性质，往往采用不同的色系，如卧室、客厅采用暖色系，而餐厅采用冷色系。民宿的色调由主色调和辅助色调组成，不同场所在主色调和辅助色调的选择上也会有所不同。

以客房为例，客房的色系可分为三个主轴：第一色系家具类；第二色系家饰类；第三色系浴室及用品类。进入房间，色调是最能给人冲击的。暖色系给人舒适的、柔和的、热情的、欢乐的感觉，冷色系则给人严肃的、低沉的、庄重的感觉。传统民居的色彩多以淡雅古朴的本色为主，讲究表露木质材料的纹理与粗犷的石材肌理，并结合传统式的红木家具，具有强烈鲜明的色彩对比。

在设计中，要重视建筑色彩与不同材质运用，使建筑表现出其独特的风格特点。不同的建筑外墙颜色对光的反射系数不同，反射系数高的颜色如黄色、白色可以增加环境的亮度，使建筑从周围环境中跳出来，当使用与环境色差不多颜色的时候，建筑就可以很好地融入周围环境。民宿建筑中，住客在感知空间时，最直接的就是视觉感知，通过对建筑空间的视觉审美体验使游客产生不同的联想与象征。以体验田园生活为主题的民宿，色彩应与环境和谐共生，采用低调、朴实的颜色来表现乡野气息；而在一些艺术型的民宿中，可以运用颜色对比来表达独特的设计风格。静西谷民宿整个建筑内部无论空间结构还是室内的陈设，都是极其简洁干净的线条，除了黑白灰，几乎没有其他的颜色。

五、灯光照明

灯光照明对于民宿主题文化、环境氛围的塑造起着非常重要的作用。民宿不同功能区对灯光照明的要求不同，灯光的明亮程度取决于经营者所要营造的气氛。首先，灯光的应用要满足照明的基本功能。其次，通过不同的灯光来营造氛围，如地灯、射灯、装饰灯等。再次，应根据经营的需要，提出各个功能区域的灯光照明要求。最后，运用多种灯光来营造出整个空间的氛围，如通过射灯来强化其屋架结构、构造节点部分，让较为细致和密布的传统结构占据视觉重心；也可以通过材料对比、色彩对比的墙体、室内部分，采用较为集聚的光线和照度较高的暖光源，用灯光加以凸显能够强化对比的氛围。[①]

根据不同空间照明效果的不同，在光上的选择采用暖色，这样可以让整个空间更加温和，通过灯光不但改变、装饰空间，也可以提升整个民宿的氛围，如把灯光隐藏在书架、床屏、榻榻米、花槽等地方，让光均匀地散出，增加氛围和趣味（图6-69，6-70）。静西谷卧室虽然空间不大，但麻雀虽小，五脏俱全。既有独立的卫生间，还有洗手池、衣橱、桌案、台灯、镜子、吹风机……内部的每一处灯光都是精心设计的，同样的角度，打上灯光就不一样了。为了客人有良好的体验，选择了暖色系的灯，夜幕降临，半掩窗帘，打开灯，始终被温馨与温暖包围。

---

① 王轶楠，基于村落传统民居保护利用的民宿改造设计策略研究 [D]. 重庆：重庆大学，2017.

图6-69 怀古轩的客房灯光 　　　　　图6-70 会议室斑驳的光影

六、陈设设计

民宿中的陈设物和装饰品，是装饰中不可或缺的部分。在民宿的内部空间中，顶棚、墙面、地面、桌面等都可以作为主要界面来陈设布置一些艺术元素，结合当地地域特色、民俗文化、人文气息等，对民宿的整体设计进行系统的考虑，在家具、陈设和装饰中应富含地方文化特点。民宿改造中较为突出的陈设装饰品，则是那些能唤起人们乡土记忆的物件，通过对旧物改造使物尽其用，闲置民宅重获新生，例如，生产工具中的织布机、锄头等，生活工具中的簸箕、扫把，老物件中的钟表、木箱。

民宿的家居陈设应同样考究，主要体现在其色彩、质感、位于空间中的位置及艺术体现等方面，装饰品、茶几、沙发、灯具、衣柜、木凳等这些软装可以体现出整个空间的氛围，在软装的搭配上要结合人文与自然，所有的软装风格都是一个主题的，从色彩、材料上都是一个艺术氛围，避免出现很乱的画面。通过各式各样的家具摆设，可以增加民宿的趣味性，还可以增加民宿的特色文化元素。不同的软装搭配也是有着联系的，通过它们独具特色的造型，高低、大小的巧妙地利用，可以营造出令人轻松、愉快的空间。静西谷小客厅里的摆设以会客为主（图6-71），小桌上别致的台布、插着干花的花瓶和架上的绿植，都使整个空间变得生动起来。采用干净利落的直线造型，加上装饰花的点缀，这样可以打破直线的生硬，又加上了自然的元素，使空间更加质朴自然。

图6-71　怀古轩的客厅

静西谷一个敞开的搁架，把空间进行了分割，形成半独立的空间，布置书房自然是再合适不过的。墙上的长卷式中国画和搁架上散放的书本，使空间弥漫着书卷气。小书斋的牌匾，定义了这个空间的功能。室内清雅的布置、插花和绿植则完全呼应了功能（图6-72）。

图6-72　怀古轩的陈设

七、绿化设计

绿色植物在庭院环境中起着不可估量的作用，它不仅可以用于美化环境，还兼顾遮阳、清洁空气、隔音等用途，同时可以引导视线，分割和联系空间，兼顾保护环境的作用。同样，绿植也可以辅助建筑作为庭院中道路或踏步两旁的装饰分割。不同形式特征、不同色彩、不同物候期的植物可以创造出不同的景观组团，在造园中要主景和次景搭配、疏密相间、因地制宜。

庭院中的景观小品在布置时需与庭院空间大小相适应，例如庭院较小的空间设计时尽力做到简洁、精致，切忌烦琐、庞杂。较大的庭院则可以在户外设置丰富的娱乐设施，如室外吧台、休闲桌椅、花架、水景、假山等元素的引入。夏季的卧云居（图6-73）满眼绿色植物，充满生机。由此可见，静西谷营造的是一种艺术生活的场景，和朋友坐下来吃饭喝茶的同时，美是自然而然流露出来的，这个是在城市里完全感受不到的。

图6-73 夏季的卧云居充满生机

八、艺术小品

在民宿景观的设计当中，需要首先认清当地的自然景观和人文景观的特点。在选择植物时，民宿应当注重对当地自然植物的选择，从而增添民宿的特色化。民宿景观设计应当注意与主题相协调，增加民宿独有的趣味性，如怀古轩里的花丛中，设置了一个石磨盘，下雨的时候，雨水会滴答滴答地流到下面的石槽中，成为真正的雨水池……虽然这已完全不是当初的功用，但似乎更有情调（图6-74，6-75）。

图6-74 景观艺术小品

图6-75 坊口村候车站

第四节　静西谷民宿设计总结

一、静西谷民宿的设计定位

依据民宿的资源特色、活动内容、设计类型及经营管理形态等，可以把民宿分为艺术创作型、复古经营型、赏景度假型、乡村体验型及社区文化体验型，满足游客吃、住、游、娱、情等多方面的需求。

如果从设计类型来分，静西谷民宿的定位是创意型文化民宿。创意型文化民宿对设计者和经营者有较高要求，静西谷独具匠心的设计，独一无二的特色，俨然使这座名不见经传的小村落，变成了居住休闲、身心放松的民俗旅游胜地，精心打造了一个世外桃源般的乌托邦。这种形态以乡村环境为基础，以文化创意为出发点，相对较适合历史底蕴深厚、文化特色突出、村域内拥有较为丰富的历史文化遗存、村落传统肌理尚存的村落（即便不具备以上条件，只要有典型乡村的气质，通过文化创意的演绎，同样会产生很好的效果）。

如果从民宿的资源特色来看，静西谷属于乡村体验型民宿。静西谷充分发掘坊口山好水好风景美的资源优势，使坊口闲置多年的陈旧民房重获新生，摇身变成独具特色的民宿。在保持山区原始风貌和农民生活方式不变的基础

99

上，按照外朴内雅、修旧如旧的原则进行设计和改造。静西谷民宿将"空心化"的传统村落，以纯朴、自然气息浓厚的氛围，打造野奢型的民宿，吸引旅人的停驻，让游客在旅途中寻找现代生活中的"桃花源"。

如果从风格设计来看，静西谷属于野奢型的民宿。静西谷通过设计，将"空心化"的传统村落，以"精品酒店＋民宿群落"的形式进行改造。以坊口村独特的风土人情和乡土文化为元素，不同的院子采用不同的格局，真正实现了"一院一品"在现代建筑风格中融入古典元素，设计具有乡村的原始生态特征，显现出原汁原味的乡野气息。无论设计者还是经营者，都具有乡土情怀与先进设计、经营理念，致力于将民宿当作艺术品精雕细琢，并注入个人的感情和人文理念。

二、静西谷民宿的设计原则

静西谷民宿改造就地取材，以融入自然为最高原则；坚持可持续发展的原则，不破坏自然景观，不大动土木；坚持延续当地文脉的原则，最大限度地保留且加强了原有房屋的结构实体部分，巧妙地利用传统地域性特色，并进行紧凑而适度的加建，从而植入精品酒店的功能，以满足现代消费人群的休闲度假需求。

第一，尊重自然，融入当地环境。改造过程中，保留每一棵树，爱护每一棵草。尤其是搭建在山坡的听风楼，依形就势，完全保留了山坡原有的树枝，原有的植被，树枝就从建筑中穿插出来，在廊道里突兀地生长着，而且采用纯天然的材料竹子，真正体现了对自然和环境的尊重。听风楼建在半山坡，位于村东坡的高台上，依山坡地势而建，名为院落，其实没有院，而是以密林为屏障，以群山为院墙。可以说，听风楼真正体现了和流水山庄一样的设计理念：建筑融于自然，与自然共存，仿佛建筑就是从自然中生长出来的。静西谷民宿扎根坊口村，因此，无论是材料选择还是形态选择，都应该跟当地环境产生联系，具有强烈的乡土气息。设计师尽可能地让设计保持克制，自然朴素的设计态度，表达了人在自然面前的谦逊和尊重。

第二，在传承文脉的前提下进行改造。在静西谷改造实践中，以保证坊口村的"原汁原味"为原则，保持了当地合院的建筑特色和亲切宜人的尺度，并提炼当地的特色元素运用到民宿改造中（图6-76）。改造时在保留老屋建筑格局的基础上，根据新的建筑使用要求，对建筑空间环境进行重新规划，建筑形态融入周边环境；在对静西谷民宿进行改造时，保证当地自然生态环境及人文环境的完整性，尽量减少对地形及地貌的破坏，尊重生物多样性，从而达到改善自然生态和人居环境的效果；在改造的过程中，坚持就地取材，运用当地的石材、废旧砖瓦、木材等乡土材料，或采用当地常见的材料，如从村民手里买来的灰瓦、垒砌猪圈院墙的长城砖，不仅大量节约成本，体现了就地取材，还可以让游客在与材料的触碰中感受不一样的地域特色。

图6-76　外部传统的蕴红轩

　　第三，将乡土文化运用到民宿空间改造中。静西谷民宿虽然有设计，但并不突出设计。现有的院落，错落有致地散布在山谷中。建筑融入当地的自然环境，就像自然生长出来的，而不是人为建造出来的，仿佛本来就是村子里的一部分，真正实现了在地化设计。建筑外部尽可能简约，看似不经意，细细考察，却是低调的奢华与原始的朴素混搭、内部的舒适和外部的自然结合，既体现了当地纯朴的山乡风情，又不动声色地将星级酒店享受与乡村自然宁静的生活自然融合，真正实现了弱化设计的设计观（图6-77）。在改造前，对当地建筑材料、构造及村民的生产生活方式等进行调研，深入挖掘其传统内涵，在充分尊重环境的同时，通过空间的规划设计，从建筑立面、院落空间、客房等入手，提炼地域文化相关的元素，并运用到整个建筑室内外设计中，使改造民宿更加有特色。

图6-77 听风楼的榻榻米采用日式风格，却用石头装饰墙面

在民宿改造方面，遵循基于地域文化保护和民宿改造原则，并根据坊口村的实际进行改造，尽可能地保留其建筑价值，满足其新增功能的需要，并在未来的使用中持续增加文化价值；在空间改造中，应着重进行功能空间的设计和优化，如观景、采光方面，来满足旅游相关功能的需要，并提高其使用价值和环境舒适性。同时，结合现代的生活习惯，提升卫浴方面的层次和文化层面的诉求。静西谷民宿在发掘当地文化内涵方面不遗余力，采取各种措施和手段，如建设村史馆等，致力于提升静西谷民宿的文化含量。

由此可见，静西谷民宿的改造设计遵循"尊重自然、人文环境；保护与创新相结合；因地制宜、彰显特色"的改造理念，不因循守旧，保护与创新相结合。这体现在以下几个方面：将老屋在空间和精神上加以复原保护；新建部分重新规范设计，使空间布局和交通流线更加合理；对建筑内外表皮统一规划，使之与当地环境更加融合；使空间功能更合理，使用更顺畅，满足不同人群的使用要求；加强配套设施的建设，为游客提供舒心的体验。

三、静西谷民宿的设计理念

走进坊口村，看到美轮美奂的静西谷民宿，难以想象，这些建筑的前身均是破旧甚至废弃的老宅，而实现脱胎换骨的改造，并不是因为投入了多少钱，而是来自因地制宜、独具个性的设计。可以说，静西谷所提倡的价值观，所强调的文化内涵，就是静西谷的灵魂。回归自然、绿色生态，崇尚在地化的设计理念，才是静西谷诞生的前提，也是静西谷的设计宗旨。可以说，正是静西谷先进、现代的设计理念，赋予了静西谷真正的灵魂。

静西谷的设计，真正实现了自然设计观、绿色设计观、在地化设计观，以及弱化设计感的设计观。静西谷的设计理念，具有超前性、创造性，从而体现了原创设计的创造力。静西谷的设计，可以成为乡村建设的样本。通过这样的设计，可以让农房变成风景，可以把乡村变成景区，使农村具有文化气息，提升农村的品位，具备独特的旅游价值。因此，总结静西谷的设计理念有如下几点。

第一，强调居住空间和自然的关系。

民宿旅游作为乡村旅游的一种类型，对乡村环境有高度的依赖，与农业生产相互促进，因此，在民宿旅游中，游客消费的更多是一种原生态的环境，民宿周边的乡村意象与乡土特色尤为重要。民宿设计要以可持续发展为指导，遵循保护生态环境的原则，以尊重的态度对自然与人文环境进行规划设计，不破坏原有的自然景观，人为的改造最好能提升原有的自然环境；同时尊重物种多样性，避免破坏动物栖息地及迁徙路径，保护生态环境的平衡；减轻对地形及地貌的破坏，减少人力对自然生态的影响。

静西谷民宿的空间形态参考地形地貌的具体特征，顺应地形，因地制宜，处于山谷之间，依山傍水（图6-78，6-79）。作为文化展示的窗口，静西谷民宿结合当地景观，周边群山穆穆，因此民宿设计了大面积玻璃窗（图6-80），最大限度地保证从室内能看到外边的景观，同时，采用借景、对景等手法，与周边景观相协调。因为坊口村地处北方，因此静西谷有些房间采用传统的烧炕取暖；因为夏天凉爽，几乎不用考虑空调设施。

图6-78 听风楼的走廊　　　　图6-79 北影轩院内的露天茶座

103

图6-80 蕴红轩的餐厅

第二，强调传统与现代的融合。（图6-81，6-82）

为了不影响依山傍水的好风景及与老村落的协调，所有建筑都很低调，尽可能保持原来的尺度；房间里面保留了许多古宅元素，暴露出来的木结构构件，直接暴露的椽梁，形成一种可控的粗野感；在空间改造中，侧重于思考现代的生活方式与原生态空间的对话；而室内空间在满足功能需求的前提下，以对空间结构的敏感与把控，化腐朽为神奇，形成空间本身与光影的对话，室内与室外空间的互动；室内墙面只是做了必要的清洁和修缮，在保留泥墙上岁月斑驳的痕迹和特色山居外观的同时，将现代化的设计糅合其中。

图6-81 传统与现代结合（怀古轩）　　　图6-82 传统与现代结合（北影轩）

第三，强调文脉，忠于地域特色和在地化。

静西谷注重保持原汁原味的北方乡土气息，原有建筑的墙体、窗扇、屋面、结构、陈设等，都是当地民居的记忆符号。在设计中满足当下审美和生活品质的前提下，将老房子的部分实体墙，作为文化符号的象征进行保留，如静西谷的设计保留了大量具有几百年历史的城墙砖，保留了有时代记忆和情感价值的片段（图6-83）。静西谷的设计师最大可能地保留乡村原貌，把回收来的长城砖瓦、原木、老房梁柱等用于建筑和装饰，找当地的老工匠手工一点点打造，耗时两年建造完成，很好地保留了乡村的淳朴面貌。设计师不但照顾了村庄整体风貌与建筑个性的关系，而且形成新旧材料和构造的对比、传统的继承与活化之间的平衡等，虽然经过了精心设计，但不露痕迹地融入村落中，是保护性创新的一次绝佳尝试，既可以满足北京的白领阶层到周边郊游的需求，又可以远离都市，保持相对安静、淳朴的特色。

　　新老房子之间的交接设计得比较自然，在结构处理和空间功能处理上都有所思考，在建筑形态、材料使用上充分体现和展示所在地的文脉；每间客房都拥有独特的景观，与场地发生了直接的联系，不同的房型创造了多样性的体验。

图6-83　会议室外墙采用本地的材料建造

　　第四，强调文化的渗透，达到生活和艺术的互融。（图6-84，6-85）

　　静西谷的设计理念是突出静心、静思，思考人生、感悟自然。这一理念体现在装修装饰方面，即强调素净、淡雅、简约；排除一切强调五官刺激的娱乐，而突出清静无为、打坐禅修、艺术创作；在卫生、清洁、安全的基础上注入文化信息，强调在历史、文化、艺术层面进行挖掘，在文化元素的运营、乡村建筑材料的运用方面做足功夫，强调提供具有体验感与记忆性的情感。

图6-84 生活与艺术结合（怀古轩）　　图6-85 北影轩的艺术影墙

静西谷民宿细节之处均采用原生态低成本的材质，小品设施考虑景观融入性及特色化，在尊重当地原汁原味的乡土气息的前提下，努力融入当地的风土人情，以低调的建筑语汇，以钢结构、玻璃与毛石外墙、陶土瓦形成一种对比，新老建筑形成的空间对话和延续感。室内设计中则依然遵循自然共生的法则，采用再生老木、素面水泥、竹子等材料，力求遵循朴实、自然、简单的原则。

静西谷民宿的设计理念是将闲置的农宅进行整体改造与度假化利用，这对农宅的要求较高，以村落为单位的房屋空置率要超过80%，最好还是传统的老院落，并且生态优良、环境幽静。总体来说，静西谷民宿具有规模小、选址精、特色强的特点，其创建者以独到的眼光，挖掘坊口村特有的历史、人文优势，在这里打造了一片满足北京人放逐身心、休闲度假需求的新天地。在这里，简单的生活不再是奢望，出则喧嚣拥挤的闹市，入则安逸静谧的隐居，生活的另一种味道。

静西谷民宿的改造，通过对本土文化、传统习俗理解，将乡土要素通过设计植入民宿，使原有的村落和改造后的民宿融为一体，体现出村落自然生长的状态。设计师提取当地传统建筑符号作为装饰元素，融入新型民宿改造中，既不失传统文化的韵味，又满足了当代人的居住功能要求。同时，在充分尊重环境的同时，建立村史馆，或预留一小块区域作为民俗展示区，展现历史积淀的人文气息，增加民宿所特有的文化气息，从而达到商业价值和文化保护的平衡。因此，静西谷民宿最明显的特征，就是地域文化气息，设计师将地域文化元素融入民宿的设计，是对于传统民居、乡土建筑的改造与内涵再诠释，使静西谷民宿获得了较强的生命力和吸引力。

第七章　基于地域文化的民宿设计

第一节　民宿的改造和设计

一、民宿设计的基本原则

民宿是当地建筑文化和生活习俗的体现，文化因素可以说是民宿之所以受欢迎的根本原因。民宿是当地宗教信仰、生活习惯、建筑文化、宗教文化、传统民居、民族特色的综合体，因此在设计构思时要高度重视文化因素，突出文化因素，设计的灵感应源自这些文化因素。民宿设计不仅是四面围合的房子，而是乡村场所的元素解构与建筑改造，由村落、民居、庭院三重空间重组在一起的场所。场所精神的形成是利用建筑物给场所的特质，并使这些特质和人产生亲密的关系，因此在改造设计中应在尊重自然环境的基础上，结合村落的民居建筑风貌、山水空间、地形地势进行整体规划和布局，保留环境的特质。

基于地域文化的民宿设计应遵循以下原则。

1. 生态环保原则

民宿对乡村环境有高度的依托，游客消费的是原生态的环境，民宿周围要具有乡村意象、乡土特色。因此，民宿设计者要遵循生态环保的设计原则，以不破坏原有的自然景观、不污染原有的生态环境为前提，将破坏与污染降到最低程度，减少对地形及地貌的破坏；尊重生物多样化的原则，避免破坏生物栖息地及迁徙路径，保持生态环境的完整。

2. 地域文化原则

鲜明的地域文化才能体现出民宿的特色，因此，民宿最根本的原则是遵循地域特色原则。设计中要进行统一规划，根据自然地理、人文风貌、生态特征来考虑设计方案，不能破坏整体的环境与文化氛围，如果缺乏对地域文化的深入研究，必然会显得呆板空洞；通过对地域特有文化元素的吸收，使民宿与当地的自然环境结合。民宿为游客提供的不仅仅是住宿服务，更包含地域文化的交流、民俗文化的体验、人文风情展示等服务项目，这是民宿与一般酒店的区别，更是魅力所在。民宿的设计在尊重当地原汁原味的乡土气息的前提下，努力融入当地的风土人情，努力营造一种乡野味的民宿。

3. 自然共生原则

民宿设计要尊重历史、延续文脉，调查和分析当地历史文化，在设计中要最大限度地体现当地的人文风貌，减少现代文明对历史人文的冲击与破坏。民宿的设计尽量以低调的建筑语汇，以钢结构、玻璃与毛石外墙、陶土瓦形成一种对比，新老建筑形成的空间对话和延续感，则是维系外来（酒店）与本土（农村）自然共生的基本法则。民宿的设计要忠实于原貌，新老房子之间的交接设计得比较自然，在结构处理和空间功能处理上都很直接，在形态上也有延续。在室内设计中，则依然遵循自然共生的法则，采用再生老木、素面水泥、竹子等材料，力求遵循朴实、自然、简单的原则。

4. 以人为本原则

作为以服务功能为主的民宿，在设计时始终要把握好合理的人性尺度，要把人的位置放在核心，要强调人的主导地位，满足人的生理与心理需求。建筑师为了与老村落协调，所有建筑都很低调，尽可能地降低尺度；而室内空间在满足功能需求的前提下，尽可能与建筑呼应，室内墙面只是做了必要的清洁和修缮，空间明快、简洁。任何民宿空间及景观环境都是为了方便人的使用，能为游客提供舒适的生活空间及独特感受，从而吸引更多的游客来观光和体验。

可以说，民宿的设计不仅仅是一个建筑的设计，更多的是地域特色、人文情感的传递。只有民宿风格与当地的文化习俗一致，体现出强烈的本土化特征，才能带给人们深度的精神共鸣。缺乏对地域文化的挖掘，民宿就失去了生命力。与其说民宿是"设计型酒店"，还不如说是"再生型酒店"。总之，民宿从传统民居改造而来，是传承传统文化、复兴乡村文明的最佳载体。在以商业为目的进行的民宿改造中，就是寻找将传统民居转化为当代环境的最适合的表达，而其中的空间改造、设计策略及乡土设计理念，则体现了设计者对建筑在地性的深度理解。①传统民居的精神理念和文化应当被继承，但不是简单的复制，应吸取现代建造技术的精华，赋予其新的内容，使其更富有生命力，成为更为安全、舒适、便捷的新空间。在民宿设计中应遵循以上原则，并将这些原则贯彻在民宿改造的各个环节中，最大限度地对传统村落进行保护。

二、民宿改造的价值意义

1. 民宿因乡村与城市的差异而产生

乡村是民宿生长的最佳土壤。相对于城市而言，乡村中仍保留众多地域文化和农耕文化，流传至今的民间习俗、神话传说、民间作坊和传承的手工艺，都代表了乡村地区的生活状态。另外，乡土文化的淳朴、村民的质朴和热情及浓浓的人情味，带给游客的是一份真实的生活感受，能够满足游客内心的精神诉求。可以说，从民宿的选址到饮食生活都离不开乡村，民宿的乡村性首先要依托乡村自然风貌，其次是乡村文化的传承，民宿的建筑空间载体由传统民居改造而来，因此具有乡土性、本土性、地域性的特色。由于乡村的局限性，一般民宿的体量都不大，"小而特，优而美"是民宿的主要特点。

乡村鲜活的乡土文化、淳朴的民风及丰富的自然资源，吸引着饱受城镇与工业烦扰的人们，而乡村旅游的快速发展为乡村的相关产业带来较高的收益，促使了民宿产业的出现。民宿丰富了当地产业与文化内容，能够带动起更多的相关乡村产业，使乡村旅游得到提升。民宿业的发展，从根源上改变了农民靠传统的农耕经济创收模式，也改变了农村的产业结构。在一些乡村地区和旅游区，民宿甚至成为当地的标签，对当地的特色文化起到宣传作用。民宿能够从经济、文化、产业、社区等方面，对乡村复兴起到积极的作用。民宿改造通过体现地域、传统文化，将村落风貌进行主题性营造，或历史性、文化性、产业性，或民族性、民俗性，再将本土的特色特产进行包装升级。②

这是传统村落面对新的时代的一种转变，一方面，民居通过民宿这种体验方式和相关文化表达的植入，从而展现出新的活力；另一方面，民宿也因民居的重新改造获得新的意义，内涵得以升华；民宿空间中现代化功能的引

---

① 王轶楠. 基于村落传统民居保护利用的民宿改造设计策略研究 [D]. 重庆：重庆大学，2017.

② 王轶楠. 基于村落传统民居保护利用的民宿改造设计策略研究 [D]. 重庆：重庆大学，2017.

入，能够使其既有原生态的状态，又获得持续发展的功能。所以对民宿来说，在进行改造活动的同时，平衡其功能与保护之间的关系，同时体现本土生产生活要素，尽可能实现可持续发展。因此，民宿设计必须明确服务对象，要坚持良好的特色与风格，才能更好地创造出自身的魅力与价值。同时，在地文化的展示，也是民宿一个独特的功能。

传统民居历经了较长发展时期，从选址布局到建筑结构、形态、装饰及陈设都是拥有一套自己的逻辑，且对于当地适应性较高。由传统民居改建的乡村民宿一方面体现着现代化的发展性需求，另一方面则是对先前文化的尊重与传承，这同时会对周围的民居产生示范性效应。基于传播学视角去审视该问题，民宿作为以接待游客为主要功能的建筑物，其使用者基本是拥有不同文化背景的外来者，因此民宿被赋予了新的使命。人们进入民宿的时候，民宿能否给予其新的文化体验及文化认同与归属，则成为至关重要的问题。民宿发展还可有效地解决空置房的资源浪费等问题，有效提升乡村资源效力，降低建设成本的同时实现传统民居的复兴，真正踏入可持续发展的良性循环中来。

民宿因乡村与城市的差异而产生，民宿利用乡村地区的废弃民居进行改造，能够重新激活乡村产业活力，并在一定程度上重新缝合破碎的乡村现代社会。因而，民宿的发展不但从经济层面来说是积极的；而且从文化层面来说，民宿是对乡村地区的物质、非物质文化的展示平台和综合的整合产品，也是承担物质空间与表达精神内涵的最佳载体。总而言之，"民宿的本质是人们希望通过一种物质空间和氛围的营造，来宣泄其对传统乡土文化的眷恋和思考。"①

2. 民宿改造的意义在于实现地域文化的有效传承

民宿要以突出地域元素为基底，做到人与自然环境的相互有机结合，无论是建筑还是软件设施，都应该以环保生态为出发点，做到就地取材、低碳节能、崇尚自然、共生共存的和谐氛围。而民宿吸引游客的最大魅力在于其独特的地域文化和独特的生活生产方式。只有把当地优美的自然环境和独特的乡村地域文化相结合，并衍生相关配套服务产业、休闲体验产业，才能凸显出民宿的独特性、可持续性、低碳性。由此可见，民宿设计在提升硬件设计、

---

① 王轶楠，基于村落传统民居保护利用的民宿改造设计策略研究 [D]．重庆：重庆大学，2017.

打造的同时，更要注重文化元素的注入，必须充分挖掘和突出当地文化元素，以保留并凸显当地元素为前提。

民宿是有思想、有文化、有灵魂、有人情味的住宿形态。民宿不仅要塑造外在形态，更要打造文化，文化才是一个民宿最核心的竞争力。民宿最明显的特征就是地域文化气息，在进行民宿设计时，将地域文化元素融入民宿的设计中，是对区域文化的一种具体体现，可以赋予民宿全新的色彩与生命力。另外，对民宿进行设计与发展，也是对区域文化的一种保护和传承。除去具体的、为解决实际使用问题的改造策略，其中营造者、设计者对于传统民居、乡土建筑的改造与内涵再诠释，他们对于改造活动的认知与表达，在于如何将一种生活、一种状态、一种行为引入民宿空间，通过对传统民居的空间重塑和文化内聚，使其获得较强的生命力和吸引力。

这已经不是一种策略，而是一种文化思考，思考如何在地性、当地化地让"文化废墟"般的传统民居重新生长。民宿的生命力来自当代人与传统民居再生的互动，这就是民宿改造的意义。

就民宿改造而言，挖掘地域文化，延续传统文脉，具体来讲，有以下四个方面的意义。

其一，从经济角度来看。民宿不仅可促进乡村依靠地方特色发展经济，而且可以改变产业结构，然而这与民宿对地域文化、历史文脉的表达有着密不可分的联系。全球化背景下，各地酒店越来越同质化，而民宿展现地域文化、历史文脉，形成独一无二的特色，能够让顾客产生场所感和归属感，人气的汇集必定带来更大的发展可能性。

其二，从文化角度来看。随着生活水平的提高，人们越来越关注精神文化内涵，追求人与人、国家与国家、民族与民族、地区与地区之间的文化差异性。其中在旅游产业中，民宿作为体现地方特色的旅游产品之一，在设计中融入地域文化，梳理当地的历史文脉，不仅有利于维护地方传统的文化结构，丰富乡村旅游的文化内涵，同时丰富了游客的认知和体验。

其三，从社会角度来看。随着工业化、城市化的发展，农村人口大量外移，引发了"空心村"、留守儿童等社会问题。而民宿的建设可以对闲置民居进行有效利用，不仅可以减少资源的浪费，同时达到保护和可持续发展的双赢。另外，民宿的发展不仅可以推进逆城市化发展，而且有利于美丽乡村的建设。

其四，从环境角度来看。我国一直有"天人合一"的思想，而民宿设计通过建筑与周围环境的融合，利用本土的天然材料，减少对生态环境的影响，符合可持续发展的要求。

第二节　基于地域文化的民宿设计概述

一、地域文化与民宿主题

民宿与地域文化是一种相辅相成、相互依托的关系。地域文化是民宿的空间功能组织、生活场景营建的基础，民宿改造主要是以修缮为主，强化那些最具有价值的部分，如乡土文化、儒家文化、传统社会秩序、古代风水理念等，达到延续传统文脉的目的；同时适应性地增加一些新的功能空间，以满足现代的使用需要。

民宿最直接体现在"民"，引申为民居、乡土。在农村的生态环境下，最直观的是由地域文化表现出的乡土性，反映在当地民居的风貌上，更蕴含在其田园野趣、民俗民风、乡人村事中。因此，改造型民宿的改造策略是挖掘地域文化和延续传统文脉。民宿设计过程中对于地域文化表现，俨然成为一个较为重要的评判指标，而优秀的民宿设计一定是对地域文化深入挖掘的产物。

为了快速吸引大众的眼球，占领市场，提高自身的辨识度，主题民宿应运而生。主题民宿是当下个性化居住空间的产物，改造设计中应以当地地域性特色和民俗文化为主题，确定民宿风格。通过对民宿本身的认知和周边环境的调查研究，根据民宿的建筑特色、自然风貌及相关的风土人情，以一条独特的路线贯穿这些内容，从而归纳出民宿的主题。

主题作为贯穿民宿整体的设计理念，更容易传达民宿的设计思想，营造空间的氛围和感染力，顺应了时代发展的诉求，丰富空间设计的艺术价值。主题是民宿特色和风格的精髓和灵魂，它不仅通过建筑外形、总体风格及装饰物品得以体现，还要结合声音、灯光、色彩、人文情怀等，烘托出民宿的主题。主题设计从整体的规划设计到细节的局部装饰，自始至终贯穿着同一个思想或元素，使设计呈现个性化，避免千篇一律。

民宿主题的选择和设计与民宿的类型、特色、所在地区的风情民俗等因素有关。在民宿的改造实践中，深挖文化元素，通过系统的改造，通过对建筑形态、建筑空间、室内空间、餐饮空间等区域的设计，形成统一的主题，使整个空间显得更和谐统一。成功的民宿一般都有明确而鲜明的主题，民宿的主题有以下几种类型：温馨的亲子主题、浪漫的伴侣型主题、农场生态型主题、风景特色型主题等，不一而足。一个鲜明而有内涵的主题，能够奠定民宿在行业内的地位，一套具有代表性的民宿 Logo 设计，会让人眼前一亮，同时表达了主题的内涵，如山楂小院，利用院子里的山楂树作为民宿主题，使主题呈现崭新的视觉感受，以此提高民宿的辨识度，强化了民宿的知名度。

　　民宿的主题有以下几个来源。

　　其一，用当地特色进行文化创意。民宿依托地理位置和自然风貌的优势，主题从当地的环境资源特色、建筑特色、施工材料、风格风貌及周边市场差异化的需求等，提炼出设计主题和装饰元素。文化创意与民宿设计相结合，将当地充满乡土气息的元素，通过创意化的解构与重组，更能体现乡村的本土气息。当地独特的民间手工艺品，传统的民间艺术也可以延伸为主题，如当地的手工艺品，不仅可以作为手工艺品展示售卖，而且可以起到装饰的作用。

　　其二，量身定制的特色主题。根据当地的地域文化及人文习俗，历史遗留下来的历史故事、神话传说等，确定民宿的主题，能够使人过目不忘、回味无穷。这种在民宿实体形象之外，依靠文化创意形成特色和个性化的路线，才是主题民宿最有价值的部分。还可以根据游客的需求与喜好，量身定制特色主题服务。

　　其三，营造精致的主题体验空间。在地域特色不明显的情况下，可以适当引入田园乡村、异国风情或怀旧主题，不同的房间采用不同的装饰风格，使游客获得耳目一新的体验，同时提高民宿品牌的口碑，增加主题民宿的可持续经营价值。

　　近些年来，随着民宿旅游的高热，很多成功的民宿都有着鲜明的主题，室内外设计也越来越倾向个性化和多元化，成为民宿自身的特色。民宿古朴而又有历史感的建筑风格，加上富有特色的主题，丰富了民宿空间的灵魂。

二、地域文化在民宿设计中的表现

其一，指导民宿整体规划布局。民宿的建筑形式由于其地理环境的不同呈现较大区别，因此在设计过程中，对于自然要素进行分析挖掘必不可少，如对于地形地貌的认知、光照的分析，以及对于温度、风量风速等因素的评估都将影响着设计的合理性与科学性。民宿设计过程中应对当地自然资源及环境特征进行多方位识别，才能真正将建筑与环境进行有机融合，使得其地方特色突出，整体风貌协调。在此基础上，还应考虑当地人对于先前环境有所依恋的心理需求，如选址、体量、色彩等影响其心理感受或精神信仰的因素，在尊重原真性与乡土性的同时凸显其文化特色。

其二，促进民宿建筑空间营造。不同地区因其拥有不同的发展历程，形成不同行为模式下的空间模式。这些也同样是地域建筑的外显特征，早已成为当地人心中对于建筑空间布局的最优解。以地域文化作为设计的参考点并不是完全照搬固有的空间设计模式，或是单纯的翻新重建。基于此背景，如何通过创新优化其原有空间布局、建构逻辑，以承载更为多元的需求成为当下最为重要的问题。一方面符合地方居民在现代生活方式下的发展性需求，另一方面满足游客对于本地文化的探求。从当前用户的生活需求出发，去糟取精，结合新材料、新技术，打破现有弊端的禁锢，融合新时代的表现手法，往往能取得意想不到的效果。

其三，提升民宿细节感官体验。出色的民宿建筑不仅创造了科学合理的空间，且应在各处细节塑造中表达环境对于人的感染力。对于设计师而言，往往会更加注重空间结构的划分和材料的选择，在空间结构相类似的空间中，往往更依赖于视觉元素来丰富用户体验。作为视觉表达主体的色彩、纹样等要素更应仔细推敲，为游客带来更具感动的空间氛围，而非干瘪空洞的构筑物。在我国，受各民族影响，不同区域其视觉元素有很大差异，尤其元素背后往往包含了独特的文化内涵，这也为设计师提供了丰富的设计素材。只有充分了解当地地域文化，才能更好地运用这类视觉元素，尤其是我国各地文化差异较大，盲目使用这些元素或许会适得其反。

成功的民宿一定是将各处细节都仔细推敲过的，即便是随意也是设计过的随意，所有的视觉要素的组合搭配上整体传达出这栋民宿的主题定位，凸显其风格特色，在各区域各位置的细节设计中加入不同的文化表达，丰富民宿各区域的体验，运用细节设计将民宿真正推向特色文化载体与示范的地位。

三、基于地域文化的设计理念

本文以地域文化影响下的民宿设计为切入点，详细并系统地分析了地域文化对民宿设计的影响，以及将地域文化与民宿设计相结合的重要性。总结出地域文化影响下的民宿设计方法，将传统民宿中不合理的空间布局进行重构，打造更多的功能空间，满足游客的需求；对地域文化视觉元素进行简化与提炼，丰富民宿空间视觉个性；将地域色彩进行提炼与搭配，提升民宿的体验感；选择独特性的装饰品和地域材料将民宿空间与自然环境、历史文化进行融合创新。

基于地域文化的民宿设计理念特点总结如下。

其一，尊重历史文脉，整体融入区域环境。对于民宿设计，不应单一地对其建筑单体进行探析，反而应将其置于地域环境下进行理解，不同民宿其外部环境都各具特色，是地方文化的产物，与周边环境中的历史渊源、自然环境、使用主体的生活生产方式都密不可分，处处体现着其地域理念与文化内涵。将其进行在地性思考，融合周边环境进行统一考虑是民宿建筑改造设计的基本点，如何通过改造其形式、功能布局，打造与周边场所和谐共生的民宿建筑，还原真实的生活场景、场所精神才是民宿改造的核心出发点。与此同时，民宿其可持续的发展的基础在于旅游活动的开展，而旅游活动是依托于当地旅游资源的挖掘与保护之上的，因此在民宿的改造设计之初，将其进行重新审视是至关重要的，把民宿看作一类原生文化资源进行整体设计，把握建设模式，试图对其自然资源实现最低程度的破坏，才能真正实现地方文脉的延续与区域环境的整体融合。

其二，因地制宜、因形就势的营造策略。民宿和酒店在对周围自然环境的依赖性上是有明显不同的，地域性的民宿设计会体现出"天人合一、师法自然"的自然观，因此在设计民宿时进行合理的布局规划，利用好自然环境的优势，如高山、湖海等，尊重并适应当地的环境条件。除了对以上问题的调研分析，在民宿的设计中最先需要考虑自然环境条件，尊重自然环境的生态情况，将现代的设计手法和自然环境融合并协调。基于地域文化改造的民宿，因其是在原有民居之上进行的改造，必然会产生新的功能与老的空间格局之间的矛盾。因此，应当将先前的民居空间布局进行深入探究，梳理现存问题，再采用较为灵活的改造策略，对不影响建筑特色属性的部分进行创新性改造，增加或削减空间，进而进行针对性保留。改造技术方面处理新旧结构的关系宜采用当地技艺技术，实现因地制宜。景观环境营造方面也应注重保留原有环境元素，并加以改造活化。

其三，传统材料的创新表达。材料的选择在地域文化的体现中起着重要的作用，使用独特的材料可以打造别具一格的民宿。首先，需要对传统材料进行寻找挖掘，由于自然环境、阳光条件、地理地质、工艺手段、经济情况等条件的不同，该材料具有其独特的文化特质。民宿空间对于地域文化的传播，可以通过能够体现地域独特文化的材料来完成。其次，需要对传统材料进行创新运用，在对传统地域材料的运用，不能完全照搬照抄传统，利用创新思维改变原本的不适与落后，重新定义传统材料的内涵。不能照搬照抄是因为有一些传统的工艺已经落后，且不能满足现代生产生活的需求，所以要认真思考呈现模式，利用好现代技术的优势和现代设计的创新模式。另外，要做到与当地地域文化特色相结合，将材料的质感和优势最大限度地展现出来，做到合理选材，不铺张浪费。例如，在老式木结构房屋改造民宿设计中，重建过程应使用大量夯土墙、石头、木板和其他当地材料，地域材料的创新运用在具体的民宿设计中，材料是民宿建筑物质存在的基础，材料的不同选择会体现出民宿的独特性。

综上所述，在当下的快节奏利益反馈需求下，出现较多将原有民宅直接推翻重建的案例，忽视建筑在整个乡村建筑环境中的位置，打破其乡村空间肌理的建设比比皆是，这些建设模式都将乡村性、原真性推向毁灭的边缘。乡村聚落本身是通过人工与环境进行平衡后自然形成的结果，其建设是有迹可循的，体现着当地的文化脉络与历史变迁。因此，在民宿建设过程中应尊重其原有格局及自然肌理，对其文脉进行最大限度的保护，才能真正保持其乡土属性及乡土精神。"嵌入"是一种较为合理的规划建设方式，以适应其村落格局，基于图底关系理论下的建筑肌理的延续是最能体现民宿文化特质的做法，将其真正融入乡村环境。

第八章 学生案例：民宿设计及点评

民宿因其贴近生活的体验感，与酒店不同的入住感，近年来备受人们追捧，也成为这几年学生毕业设计的热门选题。近两年，学校通过组建专家服务团、搭建文化艺术平台、开展乡村旅游景区规划等多次派出科技下乡团，助推乡村振兴，实施了一系列乡村振兴项目，环境设计专业学生也积极参与设计，尽绵薄之力。

以下案例均为中原工学院在校学生的设计实践。课题所在地大多在河南省确山县，确山县是我校的定点扶贫单位，其坐落于河南省南部，位于郑州与武汉之间，历史上被誉为"中原之腹地，豫鄂之咽喉"。确山县气候温和，四季分明，有老乐山风景区、金顶山风景区、乐山国家森林公园和薄山湖等自然景观的旅游景点，风景优美，树木茂盛，旅游资源丰富。又有竹沟革命纪念馆和杨靖宇将军纪念馆两大青少年爱国主义教育基地，历史悠久，文化底蕴深厚。

第一节 心隐民宿设计及点评

一、项目概述

1.区位及自然条件分析

该项目由周泳吉、苏雅设计。心隐民宿（图8-1，8-2）位于驻马店市确山县三里河乡。确山县三里河乡政府支持新农村建设，大力发展乡村旅游，推进旧宅改造工程。本项目需要改造的是两栋老式旧居民房，分别为371平方米和462平方米的旧式自建房建筑。

本项目设计主旨在于发掘和保护当地人文景观、用现代设计手法来延续确山县历史文脉，并将确山传统特色及非物质文化遗产作为设计元素融入其中，设计传承优秀民族文化，保淳朴民风。能让喜欢亲近自然，感受乡村本土文化的游客在更方便的条件中旅行，非常有利于当地旅游业的发展，加速当地民宿这一新兴产业的兴起，成为旅游业创新升级的典范。

图8-1　现场照片

图8-2　现场照片

2.区位现状分析

　　两座民居位于三里河乡的主路口，北侧邻河，水源丰沛；房屋西侧6米远的地方有小片树林，周围树木环绕，自然生态环境优越；地处暖温带，光照充足，气候适宜；南侧有主路横通，交通发达。

　　两座民居错落相邻但没有交互关系，西侧民居大门朝向南方，而东侧民居则相反，大门朝向有河流的北方。两座房屋之间由一条小路分开，连通公路与河流上的桥梁。材质上都为传统的砖瓦房都是基础的一层建筑，其中一座民居的主人在原有的层高上把屋顶加高，但对于民宿的改造来说，功能分区布置所需面积是远远不够的。

不难看出，原有的老式建筑房屋外墙破损，房屋顶面是传统的青砖瓦片斜屋顶，房屋周边堆砌着很多废弃物品。房屋墙面材质是最传统的水泥砂浆和基础的白色腻子墙。虽然外表看建筑老旧，但北侧为亲水平台，南侧毗邻公路，地理位置优越，距房屋东边6米左右是大片林地，对于改造民宿来说十分有利。改造条件良好，这次新民宿的改造将结合三里河乡当地的自然地理环境，在原房屋的条件基础上进行。

二、设计定位及设计理念

乡村老房子改造成民宿，并融入整个传统村落的大环境中，要求融入新和"旧"理念，与当地的山、水、林、田完美融合，让这个新建筑成为当地旅游发展的一个重要载体。

项目的主要内容是基于美丽乡村视角下的民宿改造设计，设计的初衷是要让民宿整个建筑融入整个传统村落的大环境中，做到人居、人文、自然环境的有机融合，使原有建筑不会变得突兀，改造后成为体现当地文化传统的特色民宿。因此这个课题将打造"民宿＋民俗"的新型民宿，以确山县当地的本土文化和自然环境、地理环境和人文风情作为民宿设计的基础理念，在达到民宿设计基础的安逸和舒适的要求上，项目通过建筑本体及室内空间感的营造，把当地的特色元素加入在室内配饰设计中，将民宿更好地融入当地环境，努力展现出乡村建筑的本土性，做到新建筑与当地的自然环境、人文景观和谐统一。能够在设计创作的过程运用新的元素加以创新，融入当地的地理环境，打造出一个让游客能够体验向往的乡村生活环境。

在建筑的外观风格和庭院的设计方面，加以自然块石、青石板、鹅卵石、小青砖及小青瓦等地方传统材料，形成新旧感观的柔和过渡，有传承但不守旧，有对比但不突兀。同时，因地制宜地选择植物绿化，以乡土植物为主，在室内选材方面加入更多的原有材料，或还可用碎瓷片等废弃物镶嵌路面，形成美丽的图案，节约成本的同时体现乡村质朴的特色。另外，通过质朴的老物件烘托乡村氛围，让民宿与周边环境浑然一体，融合无间。

把当地的特色元素加入在室内配饰设计中，利用老宅旧物变废为宝，使承载着过去生活记忆的旧物与新的室内环境互相融合，装修设计需入乡随俗，将当地文化融入设计中，因为民宿的客人大部分是来此地游玩的旅客，将民宿设计与当地文化背景相结合，可以让顾客感受到当地特有的文化，保留和呈现旧传统显得更加珍贵。

在材料运用上，能够在运用现代文明设计手段的基础上保留原民居的部分结构，并加入更贴近自然的旧木材、原木桩、竹子、和民居的旧瓦片等确山县当地的传统材料，表达传统的风土人情和淳朴民风。本次设计也在多处使用了玻璃材质，为了使入住民宿的游客能更好地用视觉感受当地优美的自然景观，突出民宿周边自然环境的优越性。

在室内空间的设计上也把这种理念贯彻到底，在室内的硬装、家具和各种软装装饰上，运用到荷花这一确山县的特色植物，室内外运用元素和谐统一，让入住者对心隐民宿的整体印象加深，对于确山县当地的民俗文化也更加了解，形成更深刻的记忆点。

三、设计内容

1.外观设计分析

在建筑外观上（图8-3），把原本都为一层的两座民居加至两层，设立三层瞭望台样式的共享平台，使整个民宿内部功能分区更加明确，民宿外观层次更加丰富；室外将原有河道的平台与亲水平台保留，作为室外的娱乐休闲区。并在原本两座不相连的旧民居在二层添加栈道，使两栋建筑产生空间上的联系，同时方便了两座民居的人流来往，加强空间上的互通感，也更好地做到了室内空间使用上的区分；把两栋原本方正的旧民居做露台并挑出，向河道方向延伸，更亲近当地自然的同时，打破原本民居固有的形态，加强空间的层次感。独栋住宿区二楼屋顶及瞭望台屋顶老式建筑原有的坡面屋顶自北向南倾斜，并覆盖传统材料青石瓦片，在使房屋更好排水的同时使建筑整体设计更好地与周边环境融为一体。

图8-3 建筑正视图

2.平面布局设计

由原始平面可以看出两处旧民居的地理位置关系，根据原始房屋状态、房屋面积和原始平面图，结合民居的周边环境及当地的自然情况进行初步功能分区的规划。在原始房屋结构的基础上增加楼房的层数，把原始房屋由一层楼高增加到三层，同时增加了房屋面积，满足民宿的各功能分区所需面积。

一层的原有墙体不做拆除，只是增加墙体然后把各个空间重新进行细分和规划。在平台上进行民宿与周边环境连接的设计，保留民宿与北向河流产生联系的木质亲水平台和把封闭的民宿向室外自然环境过渡的灰色空间——廊亭。（图8-4）

在二层层数增加后空间感加强，为了使两栋独立的建筑有关联，在二层设计了使两栋建筑相连的栈道，连通两处二层露台，使两个原本独立的空间交流更加流畅。（图8-5）

在三层平面设计过程中（图8-6），把顶层作为民宿的一个共享空间，在顶层设计露台和公共的瞭望台，在游客能更方便观景的同时，可以增加游客与当地居民的交流，深切感受当地本土文化。西侧民宿主要功能是餐饮、展示和娱乐，一层的区域划分主要有民宿大厅、餐厅、厨房、书室和民俗展厅；二层分布了餐厅和娱乐室。东侧的房屋主要有住宿和休息的功能，一层和二层都分布了客厅、卧室、开放式厨房和公共卫生间。民宿三层东西两侧各分布了露台和公共的共享空间——瞭望台。

在平面设计中把各层的空间减去不必要的功能，使两个建筑的功能分区更加明确。

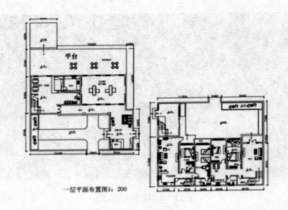

一层平面布置图1：200

图8-4 一层平面布置图

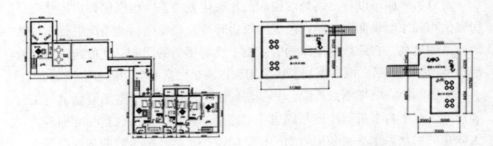

图8-5 二层平面布置图　　　　　　图8-6 三层平面布置图

3.室内布局设计分析

民宿整体设计结合当地传统文化，整体分为两栋建筑，左侧建筑坐南朝北（8-7）。在原有的建筑上，我们把原本方正的旧民居做露台并挑出，向河道方向延伸，更亲近当地自然，打破原有建筑固有的形态，加强空间的层次感。

在一层平面图布局中，室内部分主要为活动区与展示区，能够给入住者提供更大的活动空间与体验空间。右侧建筑主要的住宿区域公共休闲区，两栋建筑各自独立，很好地把活动区与住宿区区分开来，在整体空间上分为一静一动，为入住者提供休闲娱乐的同时，带来舒适宁静的住宿服务。

图8-7 民宿正门

　　二楼左侧建筑主要功能为娱乐区和餐饮区，给入住者提供更大的休闲娱乐场所，大面积的餐饮区与露台区，在回归乡土自然的同时，增加了更多的自主娱乐场所，增加生活的情趣。右侧依然是住宿区，与一层不同的是，二楼的住宿区设计上提供了亲子套及豪华套房，为入住者提供了在住宿空间上的更多选择；并设立阳光房，在阳光房内种植当地特色花草。设计时在原本两座不相连的旧民居上添加了一条互通栈道（图8-8），使两栋建筑产生空间上的联系，加强空间上的互通感，同时方便来往。

图8-8 民宿前院、民宿楼层连通

　　心隐民宿的三层设计为两处瞭望台及露台共享空间。确山县三河里乡为中原乡村地区，有较多的自然风光，除去城市所带来的浮躁，回归乡野自然，回归宁静致远，瞭望台共享空间可以给入住者带去心灵的洗涤。瞭望台南北通透，观赏视点及高度都极为合适。两处瞭望台都可通二楼平台上至，各达左右两侧。（图8-9）

图8-9 住宿区后院

四、民宿空间

1.民宿空间设计分析

民宿外部结构及整体墙面较为简洁大气，线条流畅清晰，所以在室内家装选材方面加入更多的原有老式建筑的废弃材料，还用碎瓷片等废弃物镶嵌路面，以节约成本的同时体现乡村质朴的特色。形成新旧感观的柔和过渡，有传承但不守旧，有对比但不突兀。另外，通过质朴的老物件烘托乡村氛围，让民宿设计与周边环境浑然一体，融合无间。原生态的气息就是最好的装饰，同时可以明确地感受到其文化特色。

民宿大厅（图8-10）这个空间面积约为43平方米，在大厅布置了接待入住者的前台和供游客歇息的休息区。在这个空间中木质材料占了很大比重，房顶为西高东低坡屋顶，所以采用木格栅的吊顶。在家具装饰上更多采用原木整板的自然边木材来做家具，如休息处的原木茶几，就是采用整装板浇筑树脂材料制成的，靠墙的长凳也采用了更古朴的圆木木桩材质，呼应了整个空间的主题，也与室外自然空间的河流相呼应。在灯光设计上，采用大量的射灯，照射在粗糙材质的石膏墙面造型上，形成特殊的光影效果。

图8-10 民宿大厅和民宿前台

2.民宿客厅设计分析

民宿客厅是入住者在民宿停留活动时间较长的一个空间，这个空间的设计想要体现出确山县民俗文化和本土性。

一层客厅空间（图8-11，8-12）是平屋顶，采用最简单的石膏吊顶，电视背景墙也采用最简单的混凝土材质，用坚硬的材质做出有弧度的异形造型墙，让坚硬的混凝土材质和翘起墙面造型的弧线形成对比。整个空间尽头的造型墙面不规则混凝土材质的弧线台面，采用软和硬相对比的设计概念，墙面采用了最原始的泥土墙面效果。地面效果上，部分客厅空间使用了木地板并做出抬高，区分于水泥地面，在空间中形成不同的层次效果。在灯光运用上吊顶沿墙四周用暖色的暗藏灯带来点亮整个空间，空间中有简约的铁艺壁灯、不规则原木桩落地灯和贯穿整个设计空间的枯荷叶吊灯。在家具装饰上用原木桩结合泥土墙面形成原始的造型墙面，整板原木来充当电视桌的角色，用粗矮的原木桩当作沙发边几。在装饰物上这个空间运用了荷花插画和立体浮雕荷花装饰画。古朴的建筑材料和特色的装饰让长时间在这个空间活动的入住者深切地感受到民宿的独特点，产生身处于优美自然环境中的感觉。

图8-11 一层客厅

图8-12 一层客厅

　　二楼客厅顶部采用木质梁柱结构，分布均匀地穿插在自北向南倾斜的斜面屋顶中，地面采用平滑抛光的水泥地面，加以老式花纹的碎瓷片拼接而成，沙发背景墙选用带有人工粉刷痕迹明显的水泥质地，加以抛光处理的材料做了一个内陷的拱形设计，圆拱形是常会出现在中原地区及西北地区老式乡村中的特有造型。

　　二层客厅（图8-13）也采用了长木桩格栅的吊顶，墙面上的拱形造型沙发背景是独特的创新点，地面运用不同材质的地砖拼接形成旧与新的对比。这个空间的独特设计点在家具上运用了藤编的休闲桌椅和单人沙发，浅色的藤编工艺与暗色的绒质沙发形成对比。原木木桩的结构梁上均匀分布射灯，给独特造型的沙发背景墙制造出不同层次的光影效果。在家具的选择上，选用线条较为明了的家具，整体空间通过大量的原木色家具加强视觉冲击，点缀的橙色绒皮沙发，与地面铺装及绿植形成撞色，带动空间整体氛围，电视背景墙面选用粗糙肌理的"本色无机砂浆"，室内"无机砂浆"采用压光处理。

　　看似普通并且不会常用于室内装修的材料，用于室内墙面中，大大提高了室内空间的粗糙质感，带来一种老旧新物的视觉感，废旧木桩及原木木片，是在乡村中容易可寻的材料，利用废旧木桩及原木抛片组成的电视柜。

　　荷花在三河里乡也是一大特色景观，利用荷叶造型设计独有的灯具，放置在室内家具中，整体空间带来了一种原始的生机。

图8-13 二层客厅

3.民宿卧室设计分析

客房空间是入住者的主要休息空间，在结束一天的游玩后，疲惫的游客希望自己能在更放松的空间中休息，本项目在设计这个空间的过程中也以这一点为主。

一层客房空间（图8-14）在墙面的材质上运用粗糙的暖色石膏材质，床头背景的泥土材质也呼应了一层客厅的造型墙材质。暖色灯光的暗藏灯带为整个墙面制造出更原始质朴的效果。拱形的凹陷墙面造型在这个空间也使用了这一设计元素。用混凝土做出地面抬高，让木质矮床与休闲沙发区域做出层次上的区别。整个空间的色调以暖色的木质材料和灯光为主，与冷色调牛仔布料的休闲沙发形成对比，墙角的高矮绿植让整个空间更加贴近自然，让入住者在休息的时候更加放松，怡然自得。

图8-14 一层客房

二楼卧室（图8-15）都是自北向南倾斜的坡面屋顶，一间采用周边内嵌灯带的全平整吊顶，其中一间采用原木质结构内嵌灯桶的老式屋顶，在两间客房的背景墙上我们也做了不同的处理，背景墙采用粗糙且不平整的水泥砂浆，堆积出山体连绵起伏的凹凸质感；通过屋顶暗藏灯带及筒灯的照射，形成特殊的光影效果，原木质的榻榻米及房内摆件都采用就地取材的形式，放置了许多原住户内可用的物品作为摆件。

图8-15 二层客房

在客房的设计上，极大地保留了原房屋本身的特色，通过暴露原砖结构的墙面外，原有特色的斜面屋顶也尽量保留，并在部分房间采用了独有的拱形建筑特色，只为更好地融入本土气息。

在家具的选用上，我们大量采用了原木色家具，并在家具配置过程中，可以采用就地取材的形式，利用当地已有的木片，木桩组合而成。部分家具色彩在选用上，采用了大胆的手法，通过色彩鲜明的颜色点缀，给空间带去了一丝活力，并加以绿植点缀。

4.民宿其他空间设计分析（图8-16，8-17，8-18）

厨房、书房、餐饮区、厕所等区域，原木色家具为主要配置，在地面铺砖、装饰配饰、墙面老式花纹瓷砖等细节上融入当地特色。

图8-16　卫生间

图8-17　厨房

图8-18　餐饮空间

　　本次民宿设计主要考虑如何在发掘和保护当地人文景观，致力于把改造的新民宿融入确山县三里河乡当地的自然环境，遵循依山造势，因地制宜，顺其自然的设计原理，努力展现出乡村建筑的本土性，做到新建筑与当地的自然环境、人文景观和谐统一。设计中也尽量运用当地古朴的材质、材料为设计元素，把荷花当作贯穿民宿软装的中心元素，体现确山民俗。

　　本次设计不同于其他豪华奢侈的度假酒店，更想设计出隐于山林中肃静古朴、温馨雅致、低碳节能的民宿。在设计中运用通透的落地窗让室外的绿色流入室内环境中，能让室内充分引入天然美景，营造出一个充满质朴意境的空间环境。让心隐民宿表现出当地民宿的灵魂，成为确山县当地风土人情和地区特色文化的展示窗口，能够激发游客对于确山县当地历史文化生活的好奇心，最后通过了解让游客对于确山当地文化及生活方式产生认可。

　　评语：

　　学生在此次民宿设计的整个过程中，进行了实地调研，主要了解了当地的文化特色、风俗、环境、自然特征等。整体设计具有一定的新意，在建筑改造中注意到了两个建筑之间的关系，在加固原有建筑结构的基础上增加了两个建筑之间的沟通关系，室内空间处理较为合理，并有自己的想法，既改善了当地的环境，又提高了人们的生活水平，为民宿客人打造一个舒适的、放松的空间。民宿设计力图传承优秀民族文化，保淳朴民风，扬传统文化，使小小的心隐民宿空间成为一个具有当地人文特色突出、历史文脉延续的一个载体。

第二节　芭园民宿设计及点评

　　该项目由袁芭航设计。芭园位于驻马店市确山县常庄村，是一所旧的民居改造而成的民宿。当地大力发展文化旅游产业，对当地的旧房（图-19）进行改造，形成精品民宿群（图8-20）。芭园原址总面积约为170平方米，是一所独门小院。这里是村里最靠边的一户人家，已经空置多年，屋子门前就是一条村里的主路。跨过主路是一条小河，屋子后面是村子里的一个后山，民居旁边有一条通向山上的缓坡小路。

图8-19 建筑现状

图8-20 芭园民宿

　　设计灵感来自当地打铁花，仪式展演前祭祀太上老君。确山县当地的矿石资源非常丰富，尤其是铁矿。而太上老君相传是冶铸行业的神，在当地还有太上老君显灵打铁花的传说。图8-21中打铁花的器具上有太极的图案和五行的运用，所以设计者把太极作为设计元素体现在设计当中。

图8-21 确山打铁花

一、总体布局

民居面积较小，使用墙体会使民宿的空间显得沉闷厚重，所以采用了开放的篱笆院墙来划分空间，使民宿显得通透灵巧。同时没有大门的设计，使院子的内外空间形成一种互动。民居的院子较大，可以作为户外的活动空间。

二、功能分区

此次改造在建筑外观上把民居平房变成两层，并设立了一个平台。使民居的功能分区更加明确，一楼和庭院是公共空间（图8-22），二楼是居住空间（图8-23）。侧边的房子是一个厨房，侧房顶上做了一个平台，住户可以在这里休息，欣赏风景。民宿采用了大落地窗的形式，可以将外面的风景映进室内，以此达到亲近自然的目的。一楼多采用原木家具，突出中国传统家具的特色，营造出一种古典而诗意的意境。

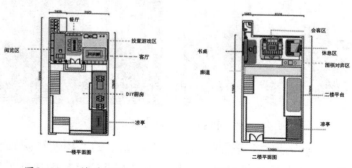

图8-22 一楼平面图   图8-23 二楼平面图

三、空间布局

这所小院面积不大，所以在原来的基础上增加了一层。侧房作为厨房使用，并且加了一个露台。一楼多采用原木家具，突出中国传统家具的特色，营造出一种古典而诗意的意境。（图8-24）一楼是公共空间，划分为客厅、餐饮区、游戏区、阅览区。室内在家装选材上就地取材，节约成本的同时融入当地的特色。在室内装饰上突出天然质朴，体现乡村风情，保留了木材原本的形状和纹理。

图8-24 一楼效果图

二楼的居住空间采用了古代传统的门窗形式，采光充足，比一楼更显得古朴，室内加入了具有象征意义的植物——竹子，象征高洁的谦谦君子。植物室内更加生机盎然，同时室内也加入了太极和围棋元素。（图8-25）

图8-25 二楼效果图

这所小院与当地的文化紧密结合，中式元素的运用使小院具有禅意和诗意。这座旧房子十分考验设计者的思路，所以在设计过程中遇到了很多问题，其中最重要的就是，由于室内空间过于局促，楼梯的放置就成了问题，在跟老师的交流过程中，设计者决定将楼梯放置在室外，并且把一楼作为公共空间，二楼就是私密的居住空间，但由于二楼的面积过小，所以采取了老师的建议，对二楼进行了外扩，并在一楼进行了立柱的支撑。本来做的院墙比较厚重，但考虑整个民宿面积小，所以把院墙换成了篱笆院墙，既突出了民宿的乡土风情，又使空间灵动通透。虽然在设计过程中存在一定的问题，但是通过合理的布置和改造及与老师的沟通交流，使问题得到解决。

评语：

　　只有选对目标群体，才能设计出有独特魅力的民宿。设计作品芭园，将客户群体定位为喜欢旅行的事业小有成就的中年人。民宿定位为新中式风格，体现出目标客户人群的喜好。为了使游客更好地体验当地乡村的宁谧的生活，设计尽量与当地的特色相结合，在设计中尽可能地体现当地的人文特色。在设计前期到当地进行了深入的调查研究，了解确山当地的文化特色。

　　芭园民宿设计具有独特的创意性，具有较强的体验感，作品设计为一个两层楼的民宿小院，一楼为通透的公共空间，包括餐厅和休闲茶吧等。设计为大落地窗，给游客以较好的视野。二楼为居住空间，注重私密性。突出确山县当地特色，在材质上尽量使用当地的材料，尊重当地的自然生态环境。一方面，努力使当地的自然环境造成最小的破坏；另一方面，让人与自然生态的和谐相适应。无论是建筑、植物还是室内，都应该以生态环保为出发点，尽量做到就地取材、低碳环保、崇尚自然、崇尚意境，共同营造人与自然和谐相处的氛围。

第三节　确山县田舍民宿设计及点评

一、总体布局

　　该项目由胡兴旺、平龙飞设计。确山县田舍民宿位于河南省驻马店市确山县留庄镇小张楼村，民宿东侧是京港澳高速，南侧是留庄稻田公园，西侧是臻头河，北侧紧邻村庄，地形基本是平原，有大片的稻田。

此次民宿设计依据当地的生态环境和自然景观，充分利用民房及建筑前面的荷花塘，进行系统全面的整体改造。在设计中，为使建筑融入周围环境，采用传统坡屋顶和穿斗结构，但为了建筑与周围普通民房相区别，又能体现"老而新"，在空间组合和立面考虑上采用现代的手法。建筑整体要设计出一个包括住宿餐饮、休闲娱乐等功能，并注入主题内容和文化内涵的综合性空间。（图8-26）

　　在设计过程中，尽可能地保留原有植被，利用原有的水源设计水景，池塘的改造要保证不会污染水质，新建筑也要与原有的老建筑完美契合，融为一体。

图8-26　田舍民宿功能分区图

二、功能分区

　　总体规划民宿住宿区（东民宿与西民宿）、公共活动区（茶室、书吧、餐厅、咖啡厅）、观景区、蔬菜采摘区与荷花采摘区共五个部分。其中，室外活动空间包括停车场、入院小景、景观花园、亲水平台、果蔬采摘园、庭院小品、观景天台等区域；水上空间包括荷塘、荷藕采摘区、浅滩戏水区、水上长廊、水上休闲台等区域；室内公共空间包括大厅、茶室、书吧、餐厅和公共卫生间等区域；东客房包括2间家庭套房、2间大床房、1间复式套房、1间复式大床房；西客房包括2间大床房、2间复式大床房。

沿着主路进入村庄，在马路左边就能看见民宿的名字，与老旧的围墙结合，新颖又具有特色突出原建筑气息，里面咖啡厅与餐厅结合在二进院入口的右边，左边是民宿的前台及茶室、书吧、住宿区。餐厅、咖啡厅、茶室、书吧都采用开放式设计，让游客除享受这些功能以外还可以一起聊天交友。

进入民宿住宿区，需要经过三进院的景观小品，才能进入私密的休息区。东民宿休息区有单间、套房及复式阁楼等房间。

前台经过走廊可以进入观景区，一望无际的荷花与曲折弯曲观光栈道映入眼帘，栈道还分布着垂钓区、观赏区让游客体验。在观景区前面做了荷花采摘区，让游客体验采摘的快乐。

右边是西民宿及蔬菜采摘区，新鲜无公害的果蔬让游客吃得营养健康且放心。西民宿二进院，入口左右两侧分别是茶室与公共餐厅，经过景观中庭两侧则是两个双人间，后面是复式阁楼套房。

三、建筑规划

大厅、茶室。大厅（图 8-27）和茶室（图 8-28）是一个半贯通的空间，中间用木格栅隔开，又用曲型平台串通起来，有一种似隔非隔、似通非通的感觉。曲型平台的西端是前台，主要材料是白色大理石，搭配一些木材，表现出大理石质感的同时，又有木材进行调和，给人的感觉不会太过冰冷和坚硬。前台的对面是休闲沙发，为旅客提供一个临时休息处。曲型平台的东端是茶台，主要材料与前台一样是白色大理石，搭配少许的黑色大理石，整体上比较光洁也易于打扫，放上桌布和茶具，同样降低了一些冰冷坚硬感。茶台的旁边放有边柜，可以存储一些常用物品，便于平常拿取使用。大厅和茶室严格来说是两个空间，但视线并没有完全遮挡，

图8-27　田舍民宿大厅

再加上落地窗和较高的层高，呈现的空间感还是比较宽敞的。

图8-28 田舍民宿茶室

　　书吧、庭院小品。书吧（图 8-29）作为一个独立空间相对比较安静，与外界庭院用玻璃幕墙隔开，不会显得过于狭小沉闷，还可以看到外界的景色。书吧有 2 个书架，有各种书籍，墙上也挂有一些名画作品，放有几组桌椅可供旅客阅读。庭院中间是景观小品（图 8-30），四周是走道可以看到荷塘水景，顶部是个异型体，四周高度水平，中间是西高东低的椭圆形中空，使用半透明材质保证充足的采光，再搭配上木格栅，当光线照过来时，木格栅的影子和景观小品的树影呈现在地上、墙上，有非常好的光影效果。

图8-29 田舍民宿书吧　　　　　　　　图8-30 田舍民宿庭院小品

　　餐厅、公共卫生间。餐厅（图 8-31）是个相对独立的建筑，与主体建筑的连接较小，仅是有一个走廊连接。餐厅可提供中餐、西餐、饮品、甜点等，不仅可以店内就餐，还可以配送到民宿的各个区域。就餐区有普通餐桌和吧台，挨着落地窗，落地窗采用钢架结构，是在原有老建筑的基础上延伸出来的，是"新老"的结合点。公共卫生间在餐厅的角落，远离就餐区，挨着走廊通道，比较方便旅客使用。

图8-31　田舍民宿餐厅

　　东客房、西客房。东客房位于民宿总布局的东南角，一层西侧是家庭套房（图8-32），东侧是2间大床房；二层西侧和一层是同款家庭套房，东侧则是复式套房和复式大床房（图8-33）；西侧的顶上是天台，可以休闲观景；室外南侧是景观小院。房间总体上是深色地砖、白色墙面和平顶，再搭配一些木饰面；复式房间比较特别，采用的是木质斜坡屋顶，顶上开有天窗（图8-34）。西客房位于民宿总布局的西北角，房间布局呈"品"字形，北侧是2间复式大床房，东、西两侧是布局相同的大床房，南侧是入户大门，院子中间是景观小品，正对大门。房间设计上更加简洁，大片的纯白墙搭配少许的木材，同样是斜坡屋顶，但少了木格栅，使用和墙面一样的纯白，地面基本使用木地板，超大的落地窗能看到更多的景色。相对来说，东客房比西客房更偏休闲、更有活力一些，而西客房比东客房更加素雅、更有禅意，两种风格各具特色，各有所长。

图8-32　田舍民宿家庭套房

图8-33　田舍民宿复式大床房

图8-34 客房

四、公共活动区

公共活动区分为茶室、书吧、餐厅、咖啡厅、开放式厨房，在喧哗浮躁的城市生活中来到田舍民宿，在茶室、咖啡厅与好友聊聊天不仅能放松自己还能亲近自然，茶室和咖啡厅窗外都种满了丛生竹让人心旷神怡。书吧在茶室旁边，门口则是景观小品，环境绝美，书吧玻璃门（图8-35）用圆弧设计与景观小品的圆形呼应，里面的书架（图8-36）也是两个圆弧半包围设计与景色融合。

图8-35 田舍民宿圆弧形玻璃门效果图　　图8-36 田舍民宿圆弧形书架效果图

五、外景规划

在民宿的最东侧紧挨着马路的是入院小景（图8-37）和停车场，在入口处正对着的是民宿形象墙，高大的形象墙和醒目的名字可以给人留下深刻的印象，形象墙前面采用青石砖铺出一条小路，小路两旁是一些绿植，还有一个水景小品，小路边缘铺设白色鹅卵石，一直延伸至院内。入口（图8-38）旁边的一排是停车位，用绿化带隔开，可供4辆车停放，满足了一些自驾游旅客的需求。

图8-37　田舍民宿入院小景

图8-38　田舍民宿入口

　　民宿的中心位置是亲水平台，比地面高出一些，此处是绝佳的观景点，上面放有休闲桌椅，可供旅客休息、观景。

　　平台的南侧做了跌水，层层跌水穿过荷藕采摘区流入荷塘，观景区大量的荷花映入眼帘对眼睛有强烈的视觉感，池塘周围预留了过渡空间用石头和花草减弱池塘与岸边的分隔感让空间更整体。栈道上看荷花采摘区与观赏区、听着水流声与小动物的声音会让人沉浸在这舒适自然的环境中，旅客可以在荷藕采摘区体验到采荷藕的乐趣。

　　亲水平台（图8-39）的北侧是景观花园，一条小路从中穿过，小路两边是绿植，树下有供旅客休息的座椅；亲水平台的西侧有果蔬采摘园，旅客可以亲手采摘到新鲜绿色的果蔬；亲水平台的东侧有浅滩戏水区，旅客可以在浅滩上娱乐戏水；亲水平台的东西两侧都可以通向水上长廊（图8-40），长廊途中有水上休闲台，旅客可以在此观景、垂钓、娱乐。

图8-39　田舍民宿亲水平台

图8-40　田舍民宿水上长廊

六、道路设计

将原有的道路加入了 1.5 米的人行道及行道树和路灯，民宿一进院与人行道连接，旁边是民宿的停车场与马路连接非常便利，一进院连接二进院的道路是青砖路，贴合了民宿原始风貌，与环境相得益彰。

在景观后院中采用青石板作为路面铺装，整体和院子自然融合，栈道采用了原木木板和池塘的景色结合得完美无瑕，在荷花采摘体验区采用了石头路和水流结合的方式给游客增加了儿时嬉水的欢乐感。而且石头高出水面，不会因为长时间被水淹没，长出水草而滑倒，减少了游客走过这里的安全隐患。

评语：

确山县田舍民宿设计是根据确山当地的两所空置民房实际情况进行的改建设计。在学生的设计中针对建筑环境和特有的人文习俗，前期进行了大量调研，为后期的设计实践奠定了基础，并进行了针对性的设计，将建筑周边的荷塘作为设计亮点，融入整体设计中，并参照中国传统民居制式，进行三进院的设计。设计充分利用了当地原有的老建筑，利用了周围天然的植物水源，融入特有的本土文化，最终建成了确山县田舍民宿。

设计中采用新旧融合的设计方法，既有当地的特色，又不会因为老旧建筑或者陈旧的设施而流失客源。通过此次设计学生也了解了国内外的民宿发展状况，学到了民宿设计中的相关知识，积累了宝贵的设计经验，对今后的设计提供了巨大的帮助。

第四节　大乐之野 —— 樱栖民宿设计及点评

该项目由李浩梦、郭琬嫣同学设计。大乐之野——樱栖民宿设计，选址位于河南省郑州市二七区侯寨乡南部樱桃沟景区。樱桃沟景区选址位于河南省郑州市二七区侯寨乡南部，樱花路西 200 米。樱桃沟景区周围布满青翠繁茂的樱桃树，以樱桃种植为核心，兼有苹果、桃等多种果园和观赏林区，形成四季有绿、四季有花、三季有果的美丽景观，每年景区游客高达上百万。周边景点有建业中原文化小镇、樱桃沟足球小镇、黄帝千古情等，与此同时，每年举行的全面健康长跑等活动也会吸引不少市民和大学生参加。

本案距离樱桃沟景区直线距离 700 米，距离南面的樱桃美术馆直线距离 550 米，距离西北方向的建业足球小镇直线距离 1000 米。位于二七区西南部，距市区约 10 公里，郑登快速通道、嵩山南路、大学南路、郑州西南绕城高速樱桃沟站和郑尧高速侯寨站均可直达，交通十分便利（图 8-41）。

图8-41　区位图

　　项目建筑形状大致呈矩形，地形尺寸东西约长 30 米，东边约 15 米，面积约为 450 平方米。总占地面积为 4 000 平方米。尊重樱桃沟周围现有状况，充分考虑当地民俗文化、自然条件等因素，因地制宜，设计建筑风格用色融入当地特色，设计要本地化、乡情化。

　　根据调查，周围有热门景区，了解景区人群对于民宿设计的需求，针对年轻人群展开相关民宿设计，是为了年轻人在周末小假可以在周边放松身心，短暂地忘记城市工作的烦恼，为年轻群体提供住宿、娱乐设施及户外体验。主要受众人群设计为年轻受众群体，一方面，方便周末人们的休闲、游玩，放松身心；另一方面，可以感受不同于城市的喧嚣，体验当地人的热情周到。

　　整个民宿充满了自然安逸的氛围，在市区周围的民宿，有种出逃城市躲进世外桃源的感觉。大乐之野——樱栖民宿空间设计，从地域樱桃沟特色入手，星空为特色，以特色活动为因素展开，主题是为年轻人提供吃住行乐的民宿设计。根据课程及面积设定，民宿住宿包括单人、双人、多人；餐饮；休闲娱乐包括台球室、棋牌室、开放 KTV、户外草坪烧烤及户外帐篷。民宿设计遵循绿色可持续发展、为周边增加收益的理念进行设计，为人们提供一个更向往、更舒适、更加可以享受生活的休闲空间。

一、大厅

大乐之野——樱栖民宿设计理念体现在星空的大厅上。整个一楼大厅（图8-42）呈现的主题是星空，周围墙壁用镜子做反射，营造出一种夜晚星空的感觉，通过不断的反射增加空间层次和深度，顶部天花选用的是深蓝色底色印上星空墙绘，顶部的灯光是用射灯组成的星座形状，中间的连线用风带连接起来。

图8-42 一楼大厅

大厅中的休息区域，座椅是以北斗七星形状为设计点的，整体是白色，底部中部下降做出灯带与地面分开，座位周围摆布小桌子，桌子颜色采用了樱花粉、黑色、白色三种，桌面材质选用镜面形式，通过桌面反射出天花的星空。地面为了将大厅的休息区域（图8-43）和周围区域划分开，抬高了这片区块，抬高部分做的是白色云朵的形式，与甜品台相呼应，选用的材质是反射较强的大理石，在能做到反射出大概的天花星空、座椅的同时，不会觉得对于地面过于强烈，抬高的台阶用灯带区分于地面，添加了周围镜面反射的丰富。

图8-43 一楼休闲客厅

首先，从大门进来，侧面面对的就是甜品区，也是前台，整体颜色采用樱花粉，是整个民宿里运用粉色较多的地方之一，直面的墙壁是樱花粉的乳胶漆，前台选用粉色镜面材质，与整个一楼空间镜面相呼应，上方的梁做成了柔和的圆拱形，前台正面大门的地板选用粉色的玻璃镜，前台一侧就是甜品台，利用樱桃制作限量甜品提供售卖。

其次，甜品台小型吧台下面是一个云朵形状的垫高，整个吧台独立于周围的区域。大门正对面是甜品台，旁边是休息区也是饮品区，选择木色的台子上放圆垫搭配黑漆的桌子放在窗户旁，让空间更加温暖舒适，为星空大厅增加一定温度。

最后，旁边的一排手绘墙画也是观星的场景，打破太过于强烈的科技调性带来的冷漠感，选择用可爱卡通的形式画出场景为整个空间增加温度。两栋房子之间有一个太空舱，可以为顾客提供换装拍照等服务。一楼前台里侧还有一个员工的办公区域，去除了华丽的矫饰，摒弃了繁杂的设计，整个通透明亮的空间呈现一种干净利落之感。

二、一楼

在一楼的空间设计中，休闲客厅这部分区域进行下沉式客厅设计，由于娱乐区一楼的空间有限，做下沉式客厅可以利用视角的变化来进行区分，在视觉上可以营造错落感，并且这种分离空间的手法，会让整个空间更加流通，看起来视觉宽阔。下沉式客厅还可以增加储物空间，把沙发嵌在其中，被包围的氛围会让顾客感受到安全感，也会让在沙发区的年轻人相互之间的关系会更加亲近，可以在那里聊天、喝下午茶、看电影。

色彩设计方面，整体的色彩搭配偏白灰色，给人轻松、淡雅的感觉，在软装上用到了粉色调，粉色元素是提取到樱花色彩，在抱枕的形状上设计用到了星星状，在吊顶上加了灯带设计，使顶面和墙面整个空间更融合。顶面还用了模拟夜晚星空的感觉，仿佛抬头就能看到满天星空（图8-44）。在灯光照明方面，用了局部照明和整体照明及装饰照明，照明色彩偏暖色调，给人温馨的感觉，让人们可以在这里的心情放松下来。

图8-44　一楼餐厅空间

与休闲客厅在同一空间的是餐厅和厨房，餐厅是开放式的餐厅，颜色风格偏暖黄色，暖黄色会让人感觉到温馨，开放式厨房是为了让居住者想烹饪的时候可以自由使用，因为我们做的是民宿，所以不同于平常的酒店点餐式的模式，我们更趋向于舒适度，让顾客有参与感，有的居住者想要自己动手制作的话，就可以在这里得到满足，增加居住体验。不想做也可以直接点单，为顾客打造一个舒适、轻松的娱乐放松空间，给顾客带来不一样的出行感受。餐厅的桌椅可以合并也可以分开，更加灵活方便，适用于更多的顾客，在墙面设计上设置装饰柜，装饰柜里摆放民宿特色饮品，在装饰的同时进行宣传及售卖。在色彩搭配上用到了灰色和粉色，和下沉式客厅相呼应，在靠椅背后用到了樱花刺绣，贴合选址元素。

三、二楼

二楼的房间设计是开天窗的模式（图8-45），让住户在休息的同时能够赏星空，看着繁星入睡，看着日出起床。除室内房间有天窗的模式以外，住户外帐篷也是一种形式，让旅客伴随着整片星空入睡。另外，在房间的分配上有星空房、电竞房及普通商务房多种选择，每种房间都做到不同设计，在设计方面配色主要运用木色和黑色、白色及樱花粉进行点缀。

图8-45 房间空间

在普通商务房中地面和顶部是黑色地板铺贴，与大白墙产生碰撞，床靠背则用樱花粉这类浅色与黑白两色床后窗帘进行搭配，让空间庄重又不失活跃，与年轻人的思维大大符合，做到简单的同时又能带来活跃氛围。在普通商务房里的卫生间运用了粉色的元素，镜子外圈不锈钢材质的粉色运用与室内的樱花粉互相呼应。

四、娱乐空间

娱乐休闲空间设计了两个包间KTV，两种截然不同的风格，一种是镜面黑色与金属色碰撞的科技酷酷感觉，另外一种就是粉色少女主题的，运用樱花粉色和嫩粉色灯光，地面放置粉色半透明泡泡装饰，墙壁上用灯带做成樱桃花花瓣的形状也是与选址地相呼应。

KTV包厢外是二楼的大厅，里面有3个迷你2人KTV，适合一个人或者双人唱歌，还有台球桌和休息沙发，二楼大厅设计颜色和麻将房一致，通往麻将房的门做成门帘，给人视觉上扩大空间面积增强流动性，墙体选用的颜色是海棠红色和靛蓝色两种，顶部用黑色地板做栅格装饰。

台球桌旁还有一个小沙发可以提供给旅客休息放松聊天（图8-46）用，整栋房子与居住那栋有所不同，整体氛围更加强烈。两栋房子二楼并不相通，能通过的只有一楼大厅里面或者从外面大门进入，希望给二楼休息居住空间带来一定安静的环境。

图8-46 台球厅

电竞房的设计中，大型双层的电竞房一层由2张上下铺、沙发投影仪、卫生间3个空间分布组成，二层是游戏电竞空间，配置5台电脑和饮品冰箱和1张双人休息沙发（图8-47）。相比小型的那间电竞房这间空间相对较大，整体主色调是木色和白色搭配，营造一种温暖简单的空间氛围，沙发上等软装运用了浅粉色和其他空间进行贯通。二层电竞桌椅上面是黑色与粉色的结合，与深木色桌子的结合同白色墙壁形成设计语汇。

图8-47 电竞房

五、建筑景观

建筑（图8-48）墙体灰白色，坡顶是黑灰色，建筑风格和室内设计偏现代但是建筑整体颜色色调与周边建筑相互融合，建筑正面的窗户上用星座形状的灯带进行打破，打破原始普通的窗户与各种形状灯带进行连接。

图8-48 建筑正面效果图

建筑前面的空地院子做了一个泳池（图8-49）和一片郁金香花海，打破草地、花海、泳池之间摆放规律的就是走道，走道使用白色乳胶材质，与泳池台子的花朵图案相类似，用弯曲的曲线道路将建筑前面空间进行区分。泳池的池底设计了射灯的放射灯光，蓝白相间的灯光营造出星空泳池的感觉，如果是夜晚与天空星空相结合造成一种天地融合的景象。

图8-49 泳池效果图

泳池旁的台子用的是花朵的形态，2朵花一头一尾占于两侧的位置，打破了原始泳池边框生硬的方形，将花的形态与泳池边框融合起来，并且整体垫高一节高于道路和草地，摆放躺椅、遮阳伞等方便休息。旁边紧凑着郁金香花海和一片樱桃树林。

民宿位于樱桃沟，所以在设计上会考虑和周围环境的融入。在户外种植了一片樱桃林，春天正是樱桃花盛开的季节，樱桃花相对矮小，颜色是白色略带粉色，小且密集。等春天时开出满树烂漫的樱桃花，很是耀眼，对于这片设计想做成网红拍照打卡点的感觉，樱桃园中间用小路隔开成一片一片的，绕着路边排序摆开，站在路中间别有一番风味。道路与外面不同做出木板路，成为一个可以通往仙境的林中木板路。木板栈道分道排开，穿过树林和泥土，在夕阳的照射下随时随地都能拍出令人满意的照片。在室内外通过樱桃花粉和樱桃花形式来融入。

在室外院落的左侧有一片草坪，在草坪上可以举行各种活动，可以在帐篷游玩，还可以进行室外烧烤、露天电影、室外秋千及室外草坪趴，举办小型的聚会，在室内观看电影没有在星空下观看自在，在室外身心会更加放松，让顾客全身心体验回归自然的愉悦感。在草坪区（图8-50）活动，有助于激活现在年轻群体的身体机能，给人们创造更多的交流机会，促进人与人之间、人与自然之间的联系。在这里，人们可以放下电子产品，全身心地投入快乐氛围中，享受精彩的草坪活动带来的生活体验。

图8-50 草坪休闲区

评语：

该课题针对当今社会年轻人对于生活的快节奏压力和对于慢节奏生活的向往，推出了"城市边的观星"的主题，让更多年轻人在繁忙都市生活之余，利用周末生活来体验放松的生活方式，看看星空、体验住帐篷野营、户外烧烤、与好友K歌、打桌球，放松自我。整个民宿充满了自然安逸，拉开窗帘满眼绿色，还能听到叽叽喳喳的鸟叫。

设计者根据课题选址确定了星空星际的主题特色，在房间设置天窗的功能，在夜晚躺在床上不出门，就可以看到室外的星空，这样就与樱桃沟其他民宿有了区分度。同时利用当地樱桃的元素进行特色的民宿设计，在课题中考虑到樱桃花图案的应用，使民宿的特色更加突出。

第五节　雁栖水居设计及点评

该项目由张苏波、张慧发设计。此次课题选址在河北省邯郸市西南方向30公里的磁县县城以西大概7公里的东武士村的溢泉湖风景区湖畔，建筑总占地2 000平方米，建筑整体紧邻溢泉湖畔，往北有一条乡道作为景区的主干道，当地自然环境优越，风景秀丽，有大量的水生鱼类和大量的鸟类常年栖息于此。民宿周围两公里内涵盖了美食街、商业中心、轮船渡口和游乐场，地理位置优越，可在短时间内步行到周围商超满足日常生活所需。

一、设计理念和原则

设计理念

以大雁元素为主题，以抽象的手法，对民宿周边景观进行整体全面的设计，民宿内部各个空间则是以质朴温润原木暖色调为主，注重每个空间场景的表达。融入人们热爱自然、热爱生态、热爱生活的人文情感。将大雁与磁窑文化融为一体，秉承贴近自然，感受当地文化气息的设计理念进行构思，为来此地旅游的旅客提供一次回归生活、柔和简洁、自然绝佳的居住体验。

设计原则

雁栖水居民宿归根结底是为了解决磁县溢泉湖景区旅客的住宿问题，提高旅客的旅游体验，切实让旅客贴近大自然，并且感受当地的特色文化，设计上讲究以人为本、质量体验的设计原则。整个设计和自然相融合，在不破坏当地生态的基础上完成设计，同时要满足大众的需求和喜好。

二、总体布局设计和分区

根据整个民宿的功能需要，以及对选址占地的合理分配，该民宿主要围绕3个主体建筑展开（图8-51）。3座建筑涵盖了民宿所需的各种功能需求，同时搭配民宿的景观设计，带有停车场。靠北有乡道作为出入的主干道，靠南与环湖路相接交通便利，靠东可以通过连接景区内房车营地的台阶直接到达景区内部，与景区形成良好的互动，整体布局合理。

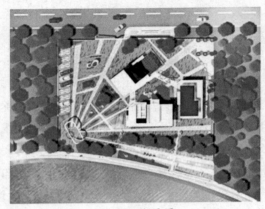

图8-51 彩平图

此次项目设计包括室内、建筑外立面和景观的呈现，结合大雁的特点融入建筑与各个空间内和景观内，以极简的设计风格，打造更加贴近自然，融入感更强的民宿，整个民宿的设施也具备同样的理念，原木和自然之美，这里的日落充满着仪式感，每个房间都遍布着充足的阳光，户外露台涌向溢泉湖面，安静得让人陶醉。

民宿主要包含3个主体建筑（图8-52），3个主体建筑分别有不同的功能，可以满足到此游玩的游客在民宿的娱乐需求。在景观区还设有烧烤区和帐篷营地，可供旅客进行多种娱乐选择。

一号楼一楼主要为一个民宿的接待大厅及餐饮空间使用，二层包含了1个复式和1个双床房。

二号楼主要以客房为主，内含2个双床标间和2个大床房标间及1个大的家庭套房。

三号楼主要为满足到此居住的住客的娱乐需求，内设麻将桌，台球桌，茶室，还有1个陶瓷手工体验室。

3栋建筑之间由架空的廊道相连，可以在雨天满足住客3栋建筑之间的通行。3栋建筑围成的一个小中庭作为一个景观和人流东线的结合，分成数块小景和道路。在景观设计上，整体以一个雁群的造型展开，所有三角汇集之处为雁群最前端的破风手。在这里也打造了一座特别的破风手雕塑，整体从这里呈放射状展开，在这个展开过程中利用三角景观做分割，形成相互连接的道路，以确保住客可以方便地到达民宿内每一个想要去的地方。

一号楼　　　　二号楼　　　　三号楼

图8-52　民宿功能分布及动线

三、室内设计

　　室内整体为浅色的暖调，给人简约朴素，但是又很温馨的感受。和传统的客房及娱乐场所相比，更加偏向于家庭化，当住客来到这里，最大的感受不是自己在住酒店，而是住在了另一个家里，不会让自己感到拘束和不适。

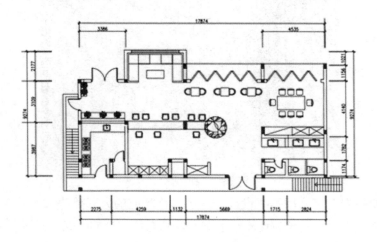

图8-53　一号楼一层平面图

一号楼（图8-53）一层功能主要为接待作用，从一号楼南侧右方为大门，步入大厅映入眼帘的是形象墙黑白色的木格栅抽象地表达了鸿雁在群山之间翱翔的画面，美妙且惬意。向左拐则是吧台，吧台也运用了抽象的设计手法，在2/3处将原木隔开，表面采用长虹玻璃作为装饰，呈现大雁形状，融入元素也不失极简美感。（图8-54）

图8-54 一号楼吧台与背景墙

再往深入则是大厅中心位置，用7只大雁翱翔的形象做灯。在多人就餐区（图8-55），设施座椅一并采用原木家具，在后方墙上内置陈设架，陈设品为当地磁州窑，符合当地特色。

图8-55 一号楼多人就餐区

在硬装方面多采用弧线设计，两边对称呼应的方式代表大雁，顶部和墙体以米色为主，水泥灰为辅。整个空间采光充足，足够明亮，温馨舒适。

在一号楼的二层（图8-56）设有双人床与标间，室内家具依然是以原木为主，在大床房内增加了阳台浴缸，用玻璃砖做隔断，清新加极简，给旅客带来一次不一样的入住体验。三楼的阳光房作为公共娱乐区域，且安装了隔热装置，在满足旅客娱乐的同时且让旅客有更舒适的体验，透彻明亮的场所，更能让大家敞开心扉，亲近彼此。

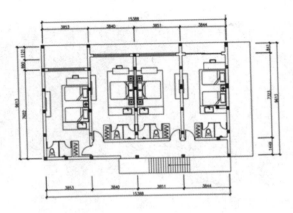

图8-56 一号楼二层平面图

二号楼的主要功能为住宿，一层共有4间客房（图8-57），左侧的第一间为标间，在床头墙上有1排自由翱翔的大雁，房间的床头吊灯也是大雁造型，房间内色调为暖色，以浅色原木为主，没有烦琐多变的装饰，自然质朴而素雅，原木的纹理色泽被呈现出来，处处表现出木香的自然氛围。弧形的隔断将洗漱区与入寝区分隔开。第二间客房为大床房，这间客房以深色胡桃木原木家具为主，在简朴为主题的格调中添加一丝奢华复古的质感。墙壁是以水泥灰色为主色调，床头做弧形水泥装饰，床的样式是榻榻米，更为舒适。

图8-57 二号楼客房

第三间房是大量采用原木做家具，在房间内设有娱乐小景，床头设有暗格灯带，房间中段设有隔断装饰，有投影设备供旅客消遣，丰富体验。

一楼的第四间客房为双床标间（图8-58），房间内以白色水泥和浅色原木为主色调搭配，窗户前做观景小台供游客娱乐，做了悬浮床这一特色，给住客不一样的体验。

图8-58 二号楼客房的双床标间

二楼是民宿的唯一套房，在大厅内设有休息区，有厨房，住客可以自由体验，二号楼的露台是为套房客人提供的，套房的大厅以原木和米白色为主要色调，房间内有拱形水泥材质装饰，与大雁元素相呼应，有大的室内观景台、吊椅与榻榻米供住客享受。

四、建筑景观设计

在此次课题景观设计中，整体采用了抽象的手法，每一个三角形地块草地都有一只翱翔的鸿雁，整体看也是呈一个大的三角形，犹如一群大雁在湖面飞过，三角形所汇集的最终点为民宿景观整体展开的原点（图8-59），在大雁群中也是破风手的位置，民宿入园会看到一座巨大的抽象大雁雕像（图8-60）。在民宿景观设计中，考虑到了人与自然的共生问题，以贴近自然为主。将当地文化与大雁元素融入进去，既不会丢失现代化民宿的享受又让住客体会到了当地的文化特色，给游客带来一次不一样的体验。

图8-59　雁栖水居俯瞰

图8-60　雁栖水居入口

后来经过反复的推敲，我们确定了以黑白为主调的建筑外观。建筑整体结合景观看起来简单质朴，给人一种清新现代之感。

主体建筑共有3栋，一号楼主要以接待为主，二号楼以住宿为主，三号楼以娱乐为主。每栋建筑大部分采用大落地窗的设计，以便采光与观景。雁栖水居民宿大部分采用清水混凝土建成，3栋建筑也呈三角形，3栋建筑都背靠自然，与溢泉湖对望。将建筑以拟山的形式表现出来，与三角破面的景观小品融合，犹如鸿雁在山水之间遨游。在二号与三号楼的二层外观，用少量的深色墙砖点缀，犹如大雁翅膀上那一些黑色。

评语：

雁栖水居民宿以极简原木为主要风格，整体设计贴近自然，以大雁作为设计的主要元素，在设计中融入当地文化，合理地运用了当地的特色元素，整体建筑以现代化的设计手法，大胆地把具象的元素抽象化表达，使得整体

155

建筑布局有着独特的设计表现。在室内功能布局上考虑周全，共有3组建筑每组建筑，功能都不一样，从住宿到游戏充分满足了居住者的需求。居住于此，游客既能感受当地文化特色，又能领略湖滨风光。

参 考 文 献

[1] 吴文智. 民宿概论[M]. 上海：上海交通大学出版社，2018.

[2] 王轶楠. 基于村落传统民居保护利用的民宿改造设计策略研究[D]. 重庆：重庆大学，2017.

[3] 张腾月. 地域文化对民宿设计的影响——以河阳村民宿项目为例[D]. 杭州：杭州师范大学，2017.

[4] 王艺霖. 基于地域文化的乡村民宿改造设计研究——以福州前洋村民宿改造设计为例[D]. 成都：成都理工大学，2020.

[5] 王一帆. 基于地域特色的乡村民宿设计研究——以幸福农湾民宿为例[D]. 武汉：湖北工业大学，2020.

[6] 史凡. 基于地域文化影响下的民宿设计研究[D]. 石家庄：河北科技大学，2021.

[7] 杨珍珍. 乡村民宿建筑改造设计研究[D]. 大连：大连理工大学，2017.

[8] 许英臻. 知觉体验下的民宿建筑空间设计研究——以东山村民宿为例[D]. 聊城：聊城大学，2018.

[9] 王帆. 周边游形态下的家庭式民宿改造设计[D]. 保定：河北大学，2017.

[10] 邵和君. 从民居到民宿的装饰之道——以淮北山地民居为例[D]. 淮北：淮北师范大学，2018.

[11] 张腾月. 地域文化对民宿设计的影响——以河阳村民宿项目为例[D]. 杭州：杭州师范大学，2017.

[12] 谈抒婕. 基于现代乡村生活模式的传统民居更新改造研究——以北京延庆地区为例[D]. 北京：北京建筑大学，2015.

[13] 张洛语. 论乡村民宿设计的文化特色营造——以尼汝村民宿设计为例[D]. 昆明：云南艺术学院，2018.

[14] 刘晓东. 乡建中的民宿建筑研究——兴隆县郭家庄村实践[D]. 北京：中

央美术学院，2017.

[15] 郭峥．在民居和酒店之间：民宿设计研究——以"成都院墙"及太平乡妥乐村民宿设计为例[D]．昆明：昆明理工大学，2017.

[16] 何月．现象学背景下民宿体验式设计策略研究[D]．荆州：长江大学，2018.

[17] 郝佳．当代乡村建筑中材料的"在地化"应用与艺术表现[D]．沈阳：鲁迅美术学院，2019.

[18] 尹春然．乡土材料在地域建筑营造中的美学探析[D]．长春：东北师范大学，2016.

[19] 蒋梦菲，卢亚．以成都为基点的城市周边乡村旅游——民宿设计地域性特征研究[J]．绿色科技，2020（19）：165–167.

[20] 孙剑仪．旅游民宿体验空间的营造与表达[J]．设计，2018（17）：23–25.

[21] 刘力波．浅谈民宿景观设计——以厦门市翔安区大帽山境民宿区景观设计为例[J]．花卉，2018（10）：34–36.

[22] 徐强，刘月，郑秋玲．乡村旅游转型升级下民宿的发展思路与对策[J]．建筑与文化，2018（8）：69–70.

[23] 周薇．地域文化在民宿软装设计中的应用[J]．美术文献，2018（4）：64–65.

[24] 王一丁，吴晓红．建筑遗产的价值与保护原则体系探讨[J]．建筑与文化，2012（8）：72–73.

[25] 张琳，邱灿华．传统村落旅游发展与乡土文化传承的空间耦合模式研究——以皖南地区为例[J]．中国城市林业，2015，13（5）：35–39.

[26] 黎芳．传统民居民宿改造设计——以怀化市中方县板山场村民宿设计为例[J]．现代园艺，2018（13）：68–69.

[27] 孟昭磊．传统民居的民宿改造与设计分析[J]．传播力研究，2018，2（2）：115–116.

[28] 张金霞．我国民宿业发展的初步研究[J]．武汉船舶职业技术学院学报，2019，18（2）：119–123.

[29] 李伟．论乡村旅游的文化特性[J]．思想战线，2002（6）：36–39.